この一冊で
安心・安全
&便利に
使いこなす

LINE(ライン) やりたいことが全部わかる本

著 田中拓也

改訂版

本書に関するお問い合わせ

この度は小社書籍をご購入いただき誠にありがとうございます。小社では本書の内容に関するご質問を受け付けております。本書を読み進めていただきます中でご不明な箇所がございましたらお問い合わせください。なお、お問い合わせに関しましては以下のガイドラインを設けております。恐れ入りますが、ご質問の際は最初に下記ガイドラインをご確認ください。

ご質問の前に

小社Web サイトで「正誤表」をご確認ください。最新の正誤情報を下記のWeb ページに掲載しております。

本書サポートページ https://isbn2.sbcr.jp/18933/

上記ページの「正誤情報」のリンクをクリックしてください。
なお、正誤情報がない場合、リンクをクリックすることはできません。

ご質問の際の注意点

- ご質問はメール、または郵便など、必ず文書にてお願いいたします。お電話では承っておりません。
- ご質問は本書の記述に関することのみとさせていただいております。従いまして、○○ページの○○行目というように記述箇所をはっきりお書き添えください。記述箇所が明記されていない場合、ご質問を承れないことがございます。
- 小社出版物の著作権は著者に帰属いたします。従いまして、ご質問に関する回答も基本的に著者に確認の上回答いたしております。これに伴い返信は数日ないしそれ以上かかる場合がございます。あらかじめご了承ください。

ご質問送付先

ご質問については下記のいずれかの方法をご利用ください。

Web ページより
上記ページ内にある「お問い合わせ」をクリックすると、
メールフォームが開きます。要綱に従ってご質問をご記入の上、送信ボタンを押してください。

郵送
郵送の場合は下記までお願いいたします。
〒106-0032
東京都港区六本木2-4-5
SB クリエイティブ　読者サポート係

■ 本書内に記載されている会社名、商品名、製品名などは一般に各社の登録商標または商標です。本書中では®、™マークは明記しておりません。
■ 本書の出版にあたっては正確な記述に努めましたが、本書の内容に基づく運用結果について、著者およびSB クリエイティブ株式会社は一切の責任を負いかねますのでご了承ください。

はじめに

初版の「LINE　やりたいことが全部わかる本」が出て3年以上経ちました。毎日使うコミュニケーションツールとしてLINEの存在はますます揺るぎないものになっています。新型コロナウイルスの流行により、オンラインでコミュニケーションする機会が増えたという人も多いことでしょう。

LINEは、国内で最大のコミュニケーションツールです。月間ユーザー数は9300万人（2022年3月時点）を超えていて、もはや毎日の生活になくてはならない存在です。

本書は、この3年間で新しく追加された機能や、なくなった機能に合わせて内容に加筆、修正を加えたものです。よく使うコミュニケーション機能に焦点を絞って紹介するという点で、旧版のコンセプトを踏襲していますが、画面写真をすべて一新し、操作方法を見直しています。その結果、現在のLINEをすぐにでも使える内容になっています。

LINEを使い始めるきっかけはさまざまです。まわりの友だちに誘われたとか、グループの連絡に必要だからといった理由で、LINEを使い始める人も多いかもしれません。当然、必要とする機能もそれぞれで異なるはずです。本書は、トークやグループ、セキュリティの強化といった具合に、使いたい機能別、目的別に章をわけているので、どこから読んでいただいても構いません。

楽しいLINEの最初の一歩となるよう、本書をご活用いただけるとさいわいです。

田中 拓也

本書の読み方

本書は2023年1月末時点での情報に基づき、LINEの操作を解説しております。LINEアプリやサービスのアップデートやご利用の環境などによって、差異がある場合があります。あらかじめご了承ください。
本書は以下のような紙面構成になっています。図示をふんだんに使い、1つ1つ操作手順を追って説明しています。

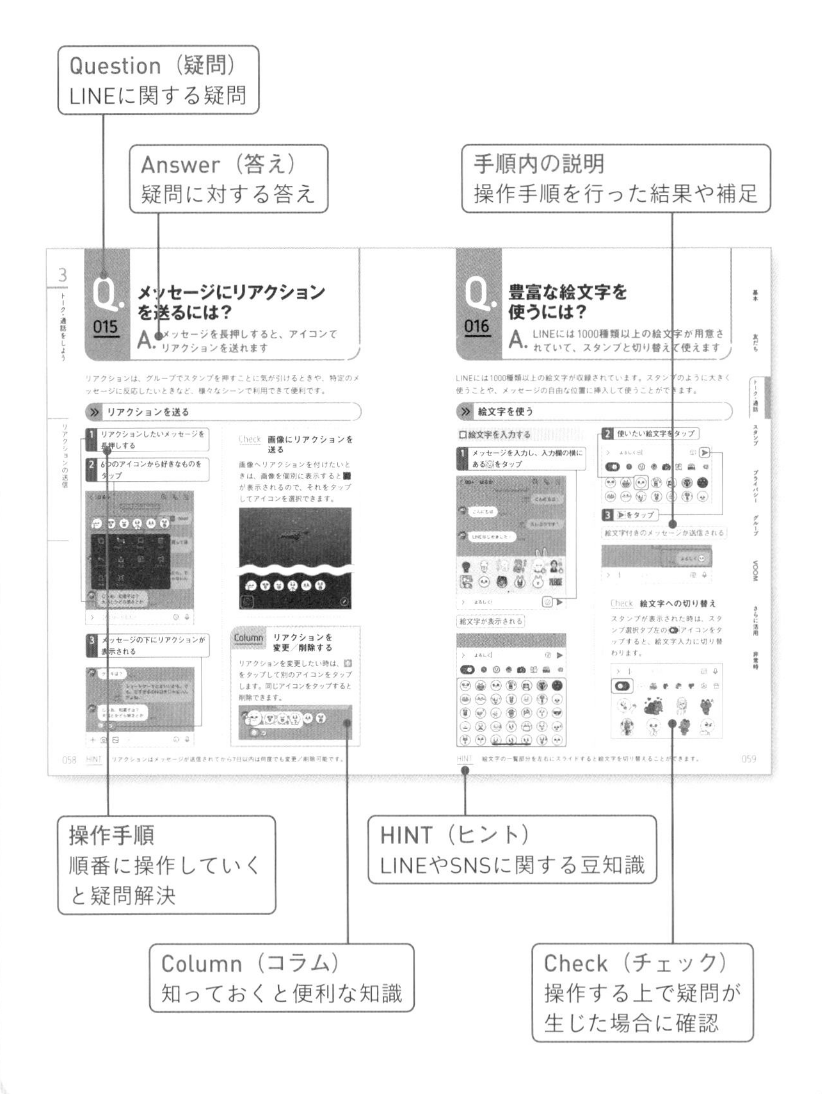
Question（疑問）
LINEに関する疑問
Answer（答え）
疑問に対する答え
手順内の説明
操作手順を行った結果や補足
Q. 015
メッセージにリアクションを送るには？
A. メッセージを長押しすると、アイコンでリアクションを送れます
Q. 016
豊富な絵文字を使うには？
A. LINEには1000種類以上の絵文字が用意されていて、スタンプと切り替えて使えます
操作手順
順番に操作していくと疑問解決
HINT（ヒント）
LINEやSNSに関する豆知識
Column（コラム）
知っておくと便利な知識
Check（チェック）
操作する上で疑問が生じた場合に確認

購入者特典
「電子版：かんたんガイド」のダウンロード方法

本書を購入いただいた方へ、巻頭特集部分をまとめた電子版を配布しております。本書が手元にない場合にスマートフォンで確認されるなど、ぜひご活用ください。

本書サポートページ https://isbn2.sbcr.jp/18933/

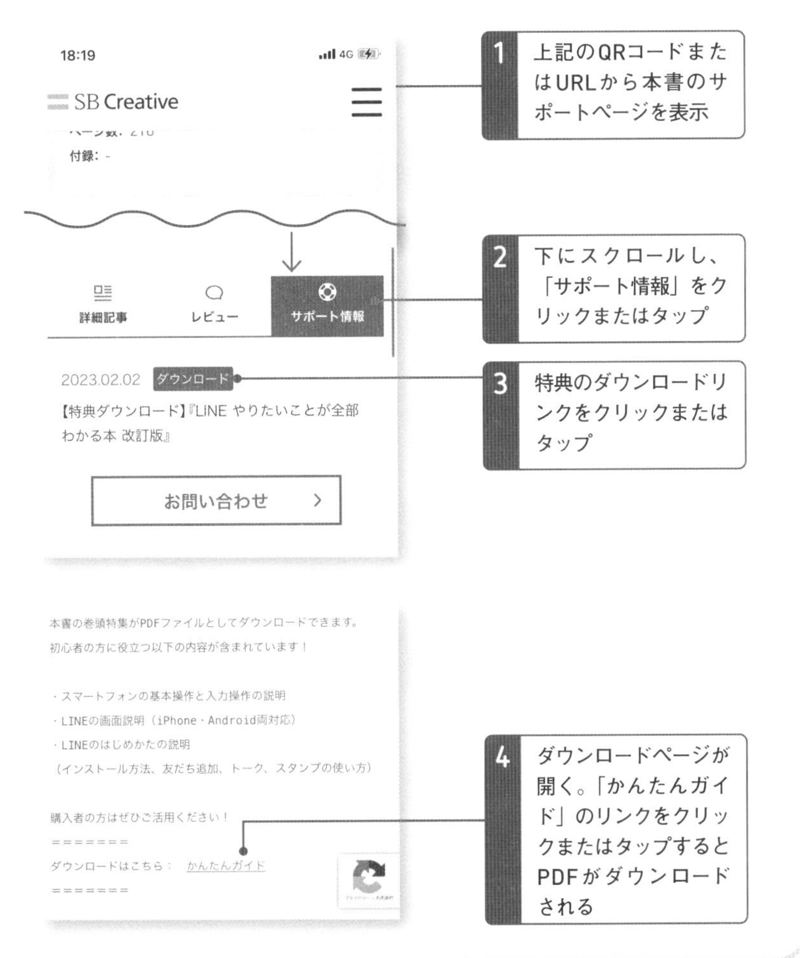

1 上記のQRコードまたはURLから本書のサポートページを表示

2 下にスクロールし、「サポート情報」をクリックまたはタップ

3 特典のダウンロードリンクをクリックまたはタップ

4 ダウンロードページが開く。「かんたんガイド」のリンクをクリックまたはタップするとPDFがダウンロードされる

CONTENTS

Q.

Q.

スマートフォンの
タッチパネル操作方法

スマートフォンはタップやスワイプなど独自の動作でタッチパネルを操作します。シンプルな動作でさまざまなことができるので、このページで基本的な動作を覚えましょう。

» タップ

画面上を軽く触ることをタップと言います。指の腹で軽く「トンッ」という感じで触ります。強く押したり爪を使わないようにしましょう。

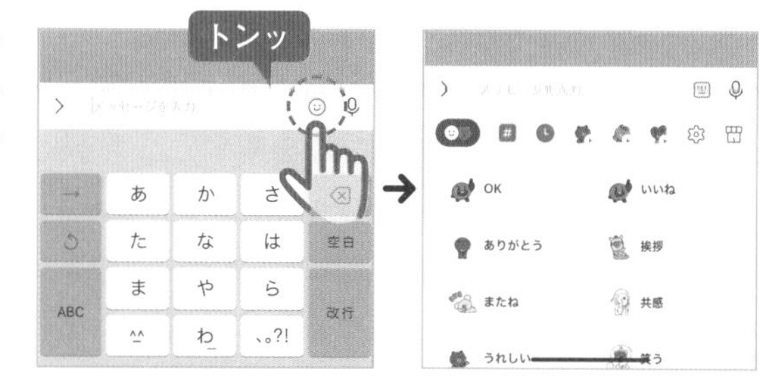

» フリック

主に文字入力の際に使います。指定のポイントから「クイッ」と指を弾くように操作します。ゆっくり行うと入力しやすいです。

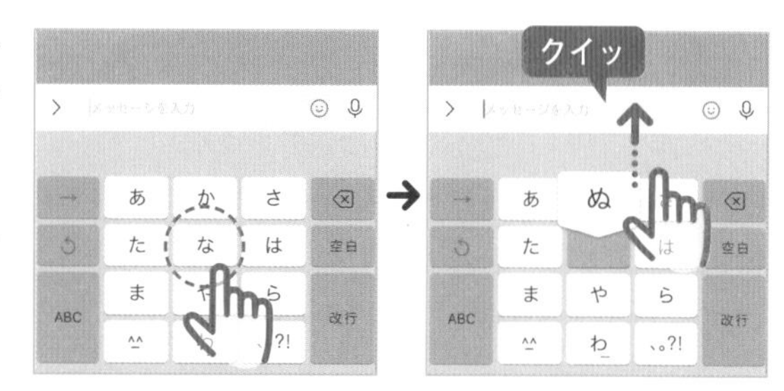

» スワイプ

フリックと似ていますが、こちらはページ遷移の際などに使います。画面上の長い距離を「スッ」という感じで指でなぞります。

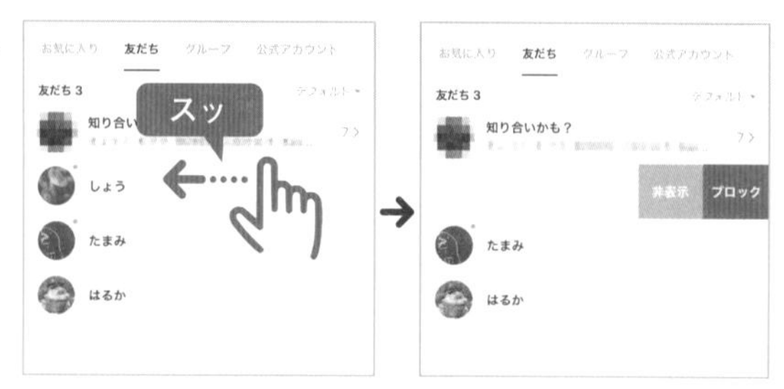

≫ ロングタップ（長押し）

画面上の特定の個所を長押しします。強く押す必要はなく「ジーッ」と指を置くイメージです。

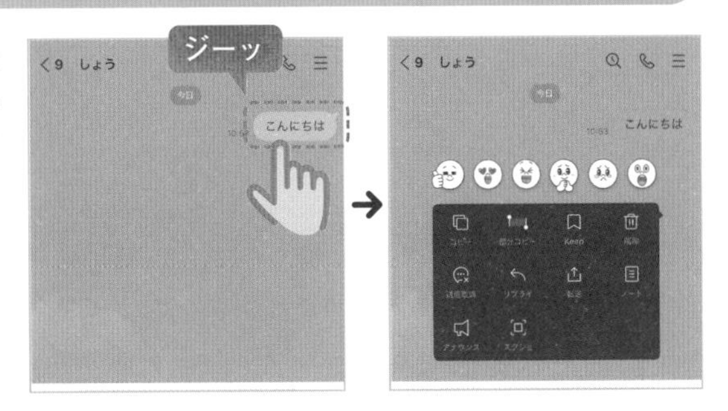

≫ ピンチイン／ピンチアウト

画面の拡大／縮小時に使います。2本の指を対角線上に広げるのがピンチアウトで、地図なら表示が拡大（表示範囲は縮小）します。対角線上に近づけるのがピンチインで、地図なら表示が縮小（表示範囲は拡大）します。

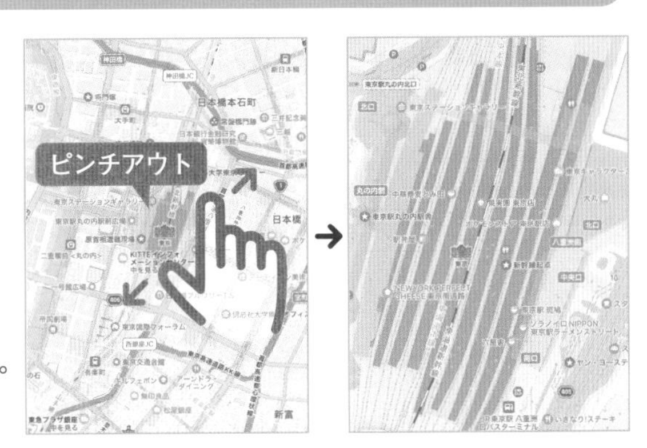

≫ ドラッグ＆ドロップ

アイコンを移動させる際などに使います。ロングタップの要領で選択したあと、指を離さずに持っていきたい方向に移動させます（ドラッグ）。指を離せば（ドロップ）完了です。

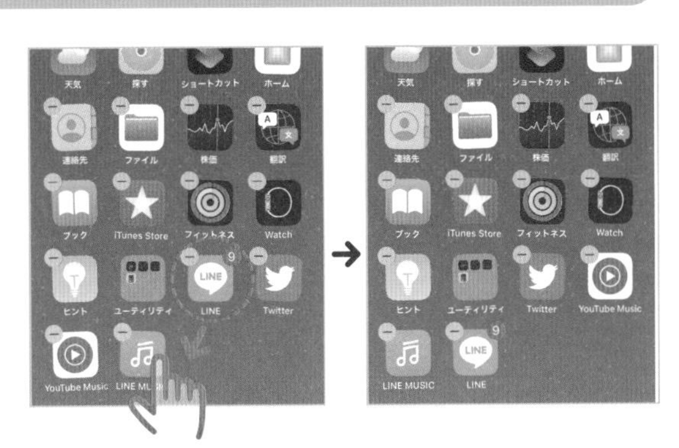

スマートフォンで文字を入力する方法を覚えよう

スマートフォンで文字入力する際は、画面に表示される「テンキー」と呼ばれる入力パネルをタップ・フリックして行います。最初は戸惑うかもしれませんが、慣れれば非常に簡単ですので、是非マスターしましょう。

☐ 文字入力方法（通常）

50音順に文字が配列されています。入力したい文字の母音をタップして文字を入力します。

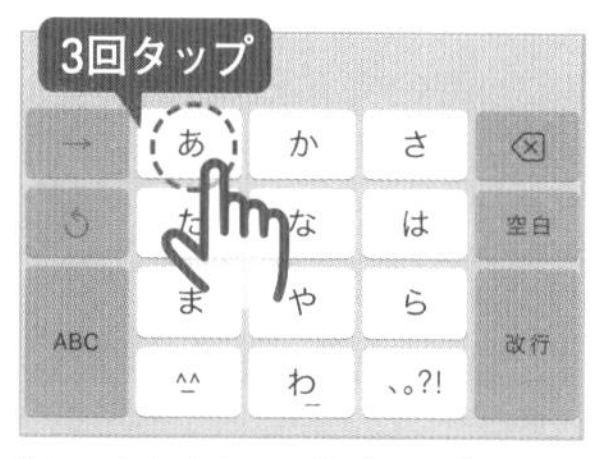

「う」と入力したい場合は、「あ」の部分を3回タップする

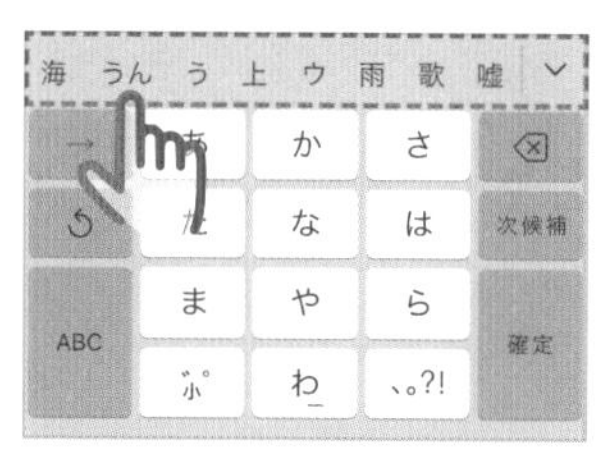

検索候補から入力したい文字を選択する

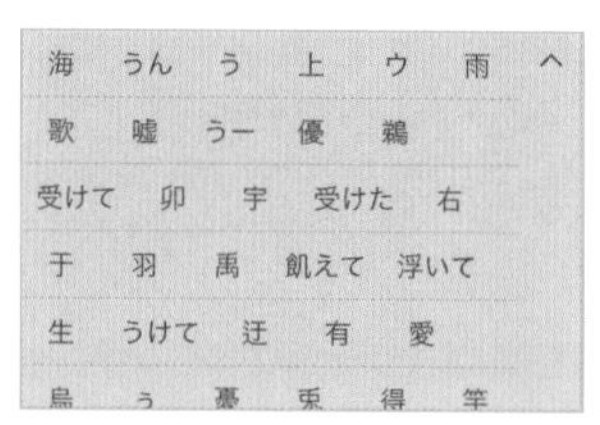

「﹀」ボタンを押すと検索候補を表示させられる

☐ 文字入力方法（フリック）

フリック入力を使用すると、通常入力より早く文字を入力できます。

文字を長押しすると、十字方向に文字が表示される

上下左右にフリックさせて入力したい文字を選び、指を離す

5回タップしないと入力できない「の」がワンフリックで入力できる

□ 文字種を切り替える方法

英語や数字などを入力する際は文字種を切り替えます。

「ABC」と記載されているボタンをタップ

このようにアルファベットの入力パネルが表示されます。アルファベットを入力したい場合はこの入力パネルを使いましょう。さらに「☆123」をタップすると……

入力パネルが数字に切り替わり、数字の入力ができるようになります

※Androidの場合も入力方法は同じです。機種によって配置が異なる場合があるので自身で確認しましょう。

□ 絵文字を使う方法

絵文字を入力したい場合の最もわかりやすい方法をお教えします。

「えもじ」とひらがなで入力してください

入力候補を見てみると、さまざまな絵文字が入力候補として表示されるので、好きな絵文字をタップしましょう

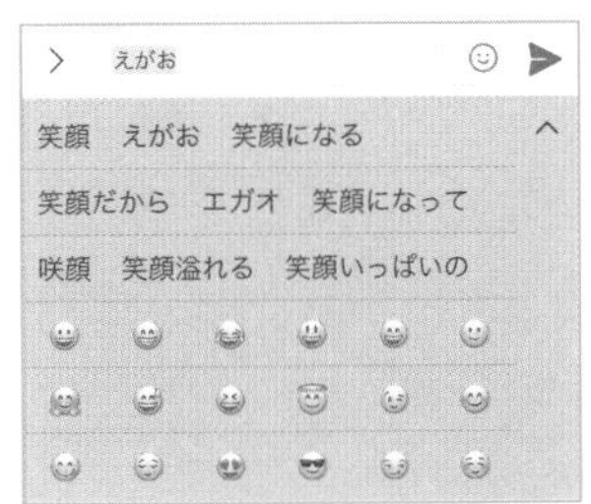

また、「笑顔」「悲しい」などの感情や、「コーヒー」「電車」などの名詞を入力すると、目的の絵文字が候補として表示されます

LINEをはじめよう

LINEをはじめる第一歩はアプリのインストールです。インストール後は電話番号を登録してアカウントを作成します。ここで一気に済ませてしまいましょう。

LINEアプリのインストール

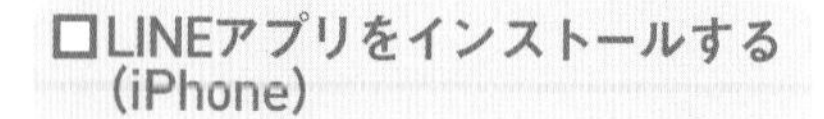

□LINEアプリをインストールする（iPhone）

1 ホーム画面にある［App Store］をタップ

2 ［検索］タブをタップ

3 検索ボックスをタップ

4 「line」と入力

5 候補に表示されている［line］をタップ

HINT アプリの詳細画面を表示すればユーザーレビューなどを読むことができます。

LINEアプリが表示される

6 ［入手］をタップ

7 サイドボタンをダブルクリック（顔認証が行える場合）

8 Face IDで顔認証を行う（顔認証が行える場合）

Check Apple IDにサインインする

Apple IDにサインインしていない状態で**6**の操作を行うと、サインイン画面が表示されます。アプリをインストールするには、IDとパスワードを入力して、Apple IDにサインインしてください。

HINT 過去にダウンロードしたことのあるアプリは認証なしに再ダウンロードできます。

Check Face IDがない端末

Face IDを搭載していない機種ではTouch IDを利用した指紋認証を行います。ホームボタンに触れてインストールを行いましょう。

9 インストールが完了したら［開く］をタップ

Column 顔認証に失敗したときは

顔認証に失敗したときは［インストール］をタップします。このあとパスワードの入力画面が表示されるのでApple IDのパスワードを入力してインストールを進めます。

□LINEアプリをインストールする（Android）

1 ホーム画面にある［Play ストア］をタップ

2 ［LINE］をタップ

HINT 「Play ストア」アイコンの位置は端末により異なります。

3 ［インストール］をタップ

4 インストールが完了したら［開く］をタップ

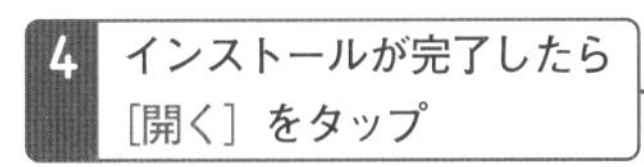

Column アプリを検索する方法

2 の画面にLINEがないときは画面上部の検索ボックスをタップして検索します。探したいアプリの名前（ここでは「LINE」）を入力し、候補をタップします。

初期設定を行う

LINEアプリを起動してから操作する

1 ［新規登録］をタップ

Check Androidの場合

「電話番号認証を簡単に行うには、電話へのアクセスをLINEに許可してください（後略）」と表示されますが、［今はしない］をタップしてください。

2 スマートフォンの電話番号を入力

3 ［→］をタップ

HINT　スマートフォンの電話番号がないときは固定電話の電話番号でも登録できます。

4 [送信](Androidは[OK])をタップ

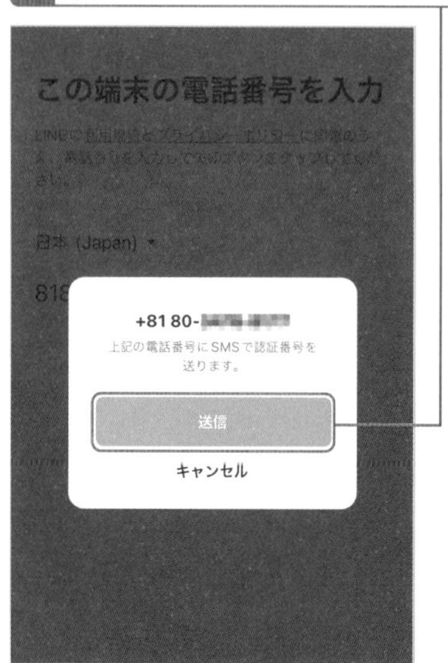

SMSで認証番号が送られてくるので確認する

5 SMSで受け取った認証番号を入力

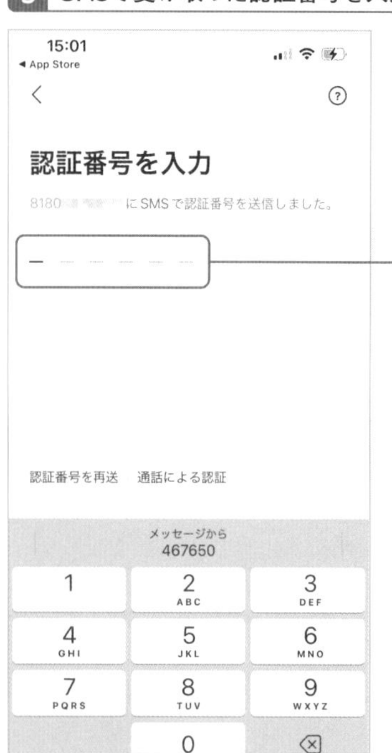

6 [アカウントを新規作成]をタップ

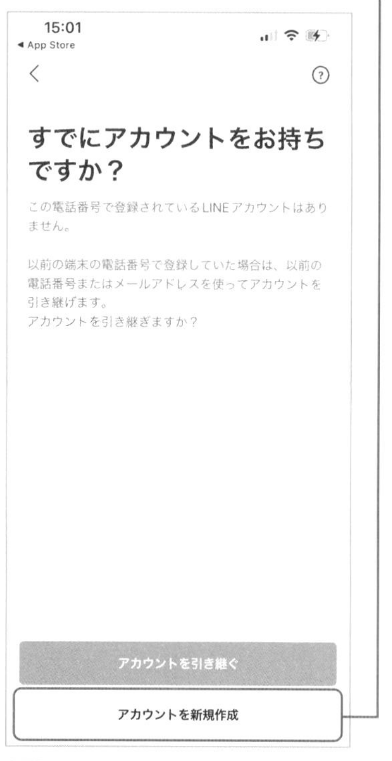

7 名前を入力

8 [→]をタップ

HINT パスワードはアカウントの引き継ぎを行うときに必要になります。

9 パスワードを入力

10 確認用のパスワードを入力

11 ［→］をタップ

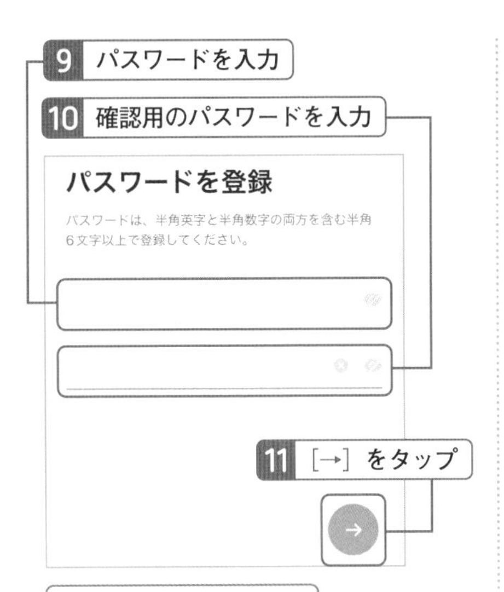

パスワードを登録
パスワードは、半角英字と半角数字の両方を含む半角6文字以上で登録してください。

友だちの追加設定を行う

12 ［OK］または［許可しない］をタップ

友だち追加設定

以下の設定をオンにすると、LINEは友だち追加のためにあなたの電話番号や端末の連絡先を利用します。詳細を確認するには各設定をタップしてください。

友だち自動追加

友だちへの追加を許可

"LINE"が連絡先へのアクセスを求めています

連絡先のデータはサーバーへ送信されますが、友だち検索・不正利用防止の用途でのみ利用されます。

許可しない　OK

13 ここでは［友だち自動追加］のチェックをオフにしておく

14 ［→］をタップ

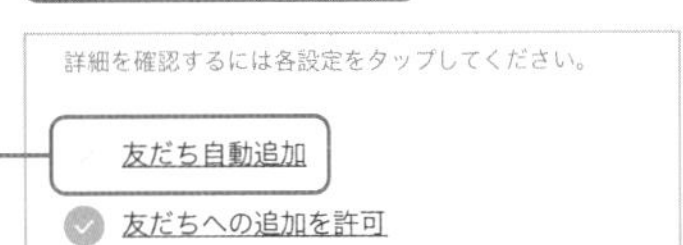

年齢確認の画面が表示される

15 ここでは［あとで］をタップ

情報利用に関するお願いが表示される

16 ［同意する］をタップ

LINEは不正利用の防止、サービスの提供・開発・改善や広告配信を行うために以下の情報を利用します。友だちとのテキストや画像・動画などのトーク内容、通話内容は含みません。
これらの情報は、LINE関連サービスを提供する会社や当社の業務委託先にも共有されることがあります。

友だちとのコミュニケーションに関する以下の情報

- スタンプ、絵文字、エフェクト・フィルター
- トークの相手、日時、既読、データ形式、取消機能やURLへのアクセスなどの利用状況
- LINE VOOMの投稿内容、周辺情報(「自分のみ」の投稿は周辺情報のみ。周辺情報とは、投稿日時、投稿されたコンテンツのデータ形式、コメント欄のスタンプ、閲覧時間等です。)
※送信取消されたものも含みます。

公式アカウントとのトーク内容を含むコミュニケーション

LINEが提供しているブラウザ、保存や共有といった各種機能の利用状況

※トークルームで保存や共有といった機能を使った場合、その対象コンテンツのデータ形式等も利用します。

LINE経由でURLにアクセスした際のアクセス元情報

※例えば、友だちとのトークルームからアクセスした場合、そのトークルームのことを指します。

同意する

同意しない

HINT　16の情報利用については、同意しなくてもLINEを利用できます。

位置情報とLINE Beaconの利用について設定する

17 ［OK］をタップ

18 ［Appの使用中は許可］（Androidは［アプリの使用時のみ］）をタップ

iPhoneの場合、広告の最適化について設定を行う

19 ［次へ］をタップ

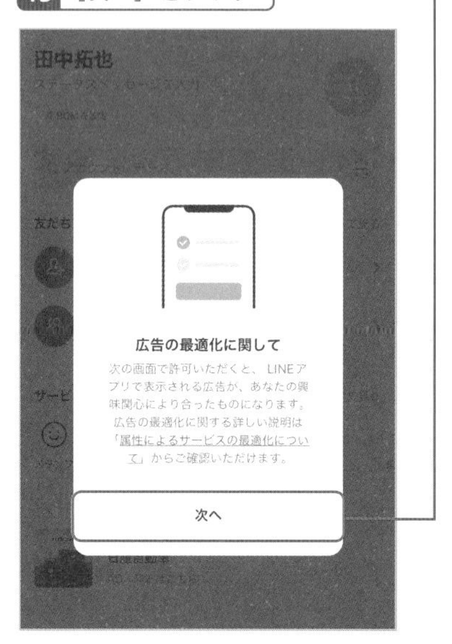

田中拓也
広告の最適化に関して
次の画面で許可いただくと、LINEアプリで表示される広告が、あなたの興味関心により合ったものになります。
広告の最適化に関する詳しい説明は「属性によるサービスの最適化について」からご確認いただけます。
次へ

20 ［Appにトラッキングしないように要求］または［許可］をタップ

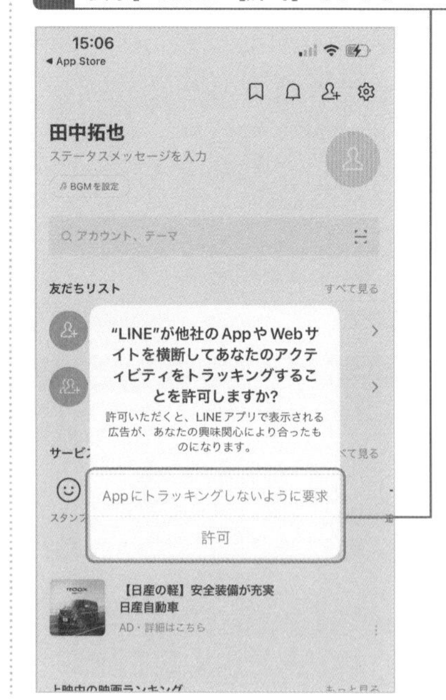

HINT ⑰以降の設定は、あとからスマートフォンの「設定」アプリで変更できます。

iPhoneの場合、Bluetoothの使用設定をする

21 ［OK］または［許可しない］をタップ

iPhoneの場合、通知の設定を行う

22 ［OK］または［許可しない］をタップ

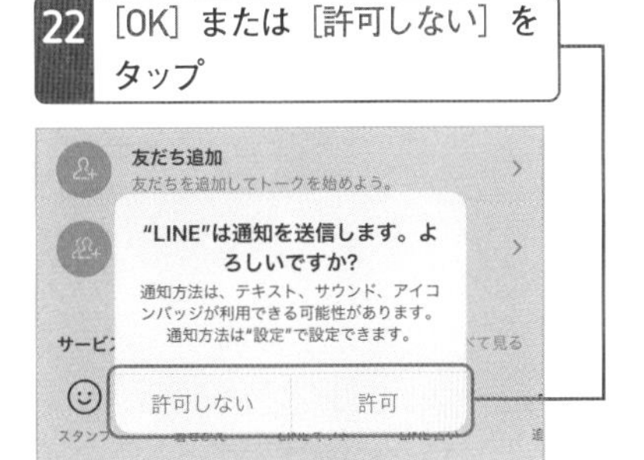

設定が完了しLINEを利用できるようになる

Column 年齢確認とは

P.019の年齢確認は、18歳以上であることを確認するために行います。おもにLINEのユーザー検索機能を使うのに必要になります。確認は契約しているキャリアを通じて行いますが、一部の格安SIM（MVNO）を利用している場合は年齢確認ができません。

Column 情報利用に関するお願いについて

17で設定する位置情報とLINE Beaconの利用ですが、これはユーザーの位置情報を取得して、お店やクーポンの情報を配信するオフラインマーケティング機能です。必要なければチェックをオフにしても構いません。LINEの利用に制限が設けられることはありません。この設定はLINEの［設定］→［プライバシー管理］→［情報の提供］でいつでも変更できます。

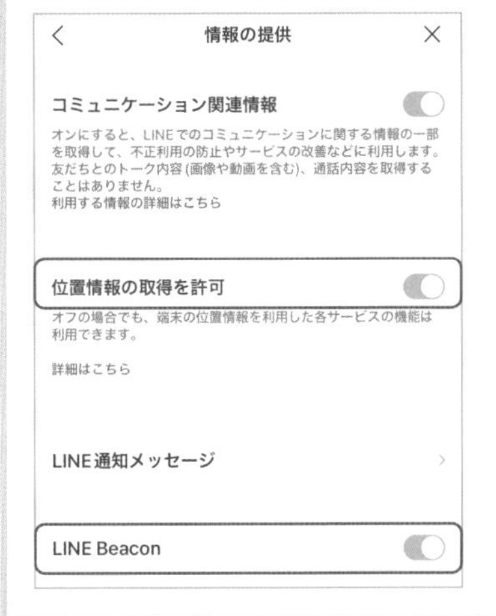

それでは、LINEの主な画面について、次ページで説明します。

HINT　通知を許可するとロック画面などで新着メッセージの通知を受け取れます。

LINEのおもな画面説明（iPhone版LINE）

ホーム画面

1 プロフィールやセキュリティなどLINEの設定を変更します
2 友だちを追加します
3 友だちや公式アカウント、スタンプなどを検索します
4 自分のアイコン、名前などが表示されます
5 よく会話する友だちやグループを表示します
6 スタンプショップや着せかえショップを表示します
7 この画面を表示します
8 トーク画面に移動します
9 VOOM画面に移動します
16:52
78
たなか
生ドーナツがマイブーム
BGMを設定
友だち、テーマ
友だちリスト
すべて見る
お気に入り
たまみ
1
友だち
しょう, たまみ, はるか
3
グループ
素敵な仲間 (4)
1
サービス
すべて見る
スタンプ
着せかえ
LINEギフト
LINE占い
povo2.0は2台目SIMにおすすめ
povo
AD・詳細はこちら
12
ホーム
トーク
VOOM
ニュース
ウォレット

LINEで頻繁に使用する画面を紹介します。「このボタンはなに？」となったときに見返してください。

トーク画面

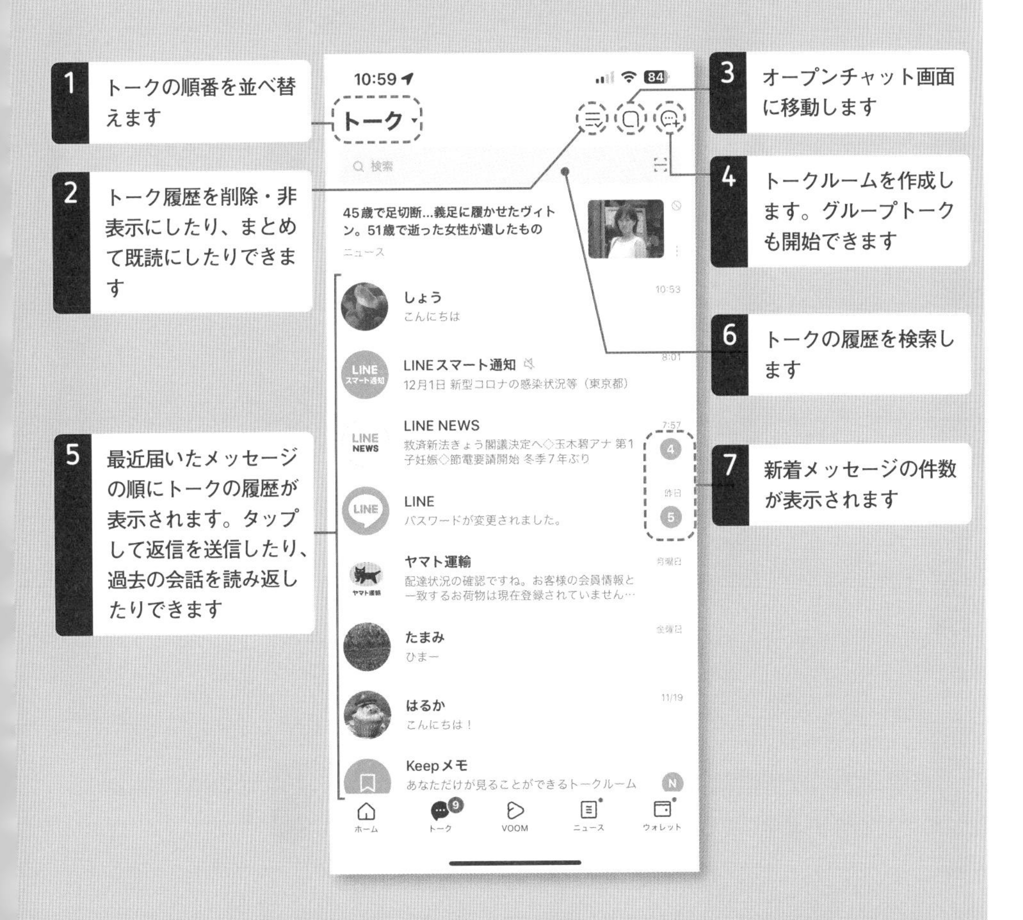

1 トークの順番を並べ替えます
2 トーク履歴を削除・非表示にしたり、まとめて既読にしたりできます
3 オープンチャット画面に移動します
4 トークルームを作成します。グループトークも開始できます
5 最近届いたメッセージの順にトークの履歴が表示されます。タップして返信を送信したり、過去の会話を読み返したりできます
6 トークの履歴を検索します
7 新着メッセージの件数が表示されます
10:59
トーク
検索
45歳で足切断…義足に履かせたヴィトン。51歳で逝った女性が遺したもの
ニュース
しょう
こんにちは
10:53
LINEスマート通知
12月1日 新型コロナの感染状況等（東京都）
8:01
LINE NEWS
救済新法きょう閣議決定へ◇玉木碧アナ 第1子妊娠◇節電要請開始 冬季7年ぶり
7:57
LINE
パスワードが変更されました。
昨日
ヤマト運輸
配達状況の確認ですね。お客様の会員情報と一致するお荷物は現在登録されていません…
たまみ
ひまー
はるか
こんにちは！
11/19
Keepメモ
あなただけが見ることができるトークルーム
ホーム
トーク
VOOM
ニュース
ウォレット

LINEのおもな画面説明（Android版LINE）

ホーム画面

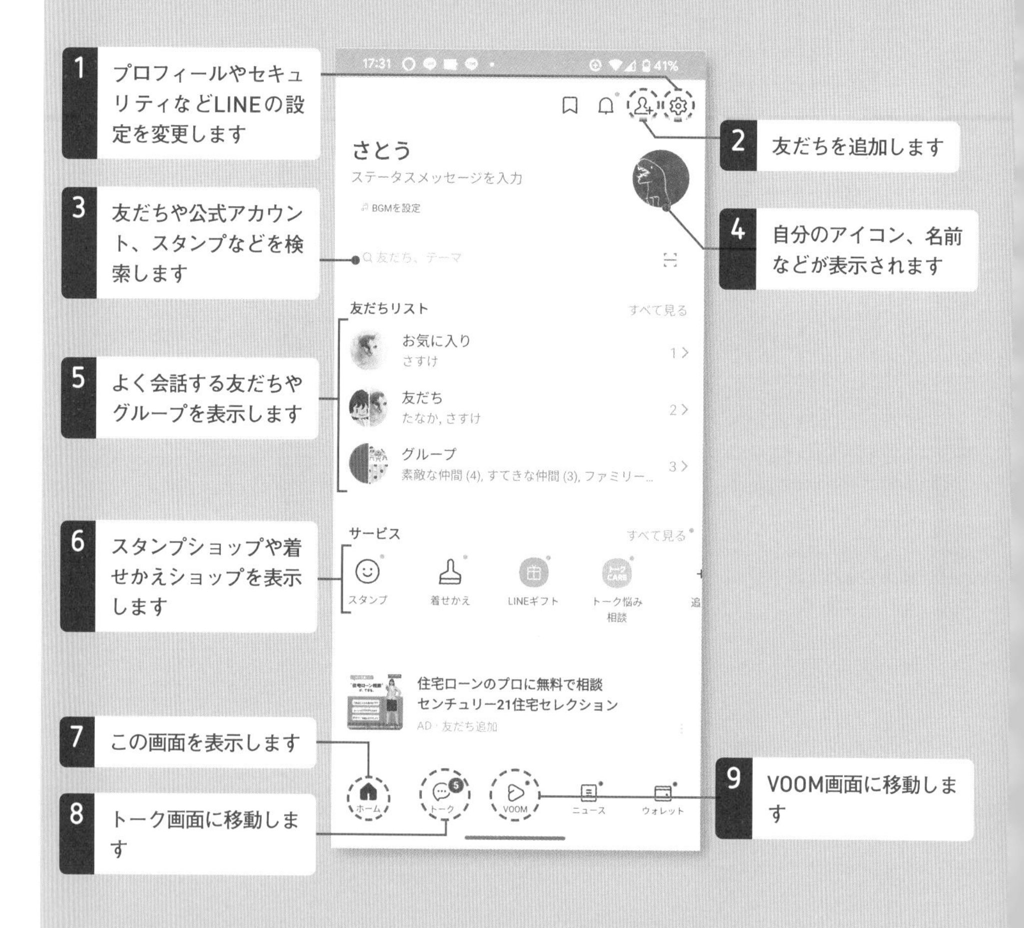
1 プロフィールやセキュリティなどLINEの設定を変更します
2 友だちを追加します
3 友だちや公式アカウント、スタンプなどを検索します
4 自分のアイコン、名前などが表示されます
5 よく会話する友だちやグループを表示します
6 スタンプショップや着せかえショップを表示します
7 この画面を表示します
8 トーク画面に移動します
9 VOOM画面に移動します
さとう
ステータスメッセージを入力
BGMを設定
友だち、テーマ
友だちリスト
すべて見る
お気に入り
さすけ
友だち
たなか, さすけ
グループ
素敵な仲間 (4), すてきな仲間 (3), ファミリー...
サービス
スタンプ
着せかえ
LINEギフト
トーク悩み相談
住宅ローンのプロに無料で相談
センチュリー21住宅セレクション
AD・友だち追加
ホーム
トーク
VOOM
ニュース
ウォレット

Android版LINEの画面です。iPhone版とほとんど同じです。

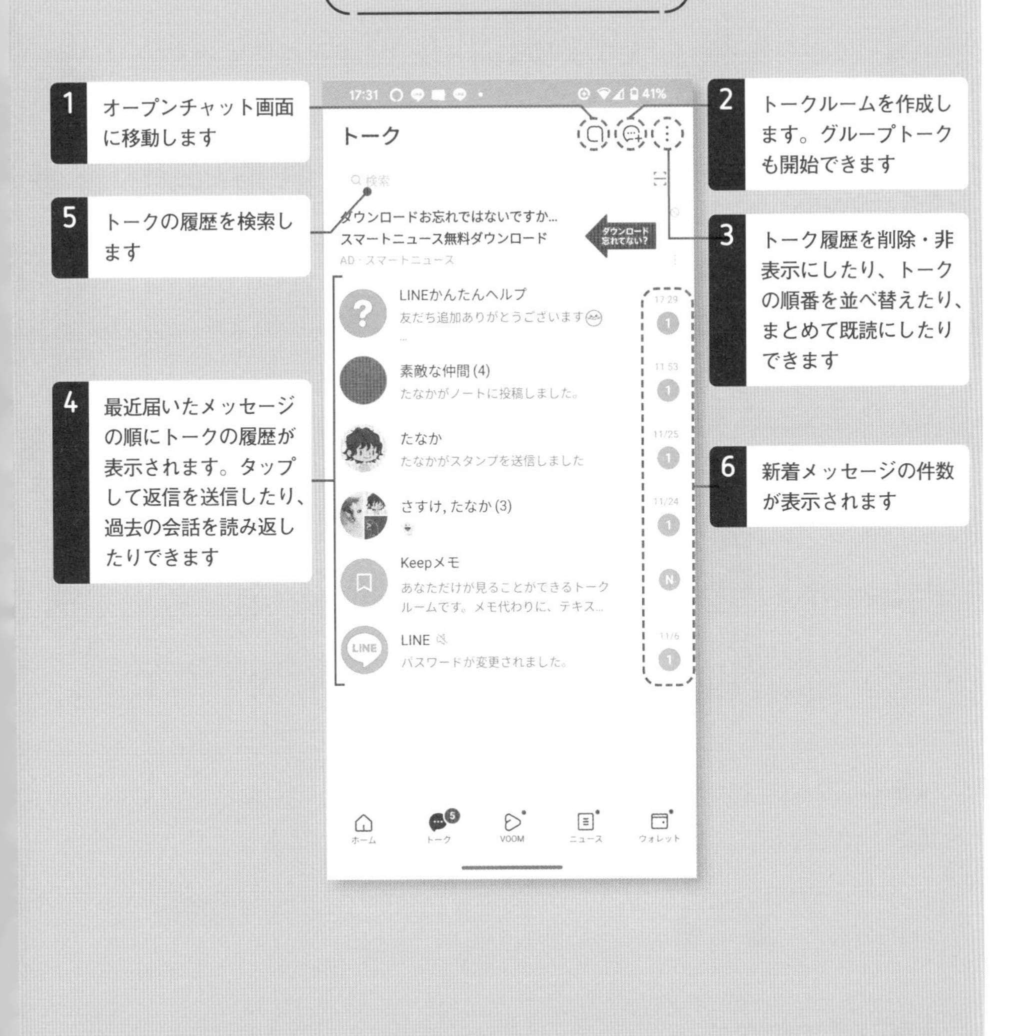

トーク画面
1 オープンチャット画面に移動します
2 トークルームを作成します。グループトークも開始できます
3 トーク履歴を削除・非表示にしたり、トークの順番を並べ替えたり、まとめて既読にしたりできます
4 最近届いたメッセージの順にトークの履歴が表示されます。タップして返信を送信したり、過去の会話を読み返したりできます
5 トークの履歴を検索します
6 新着メッセージの件数が表示されます
17:31
41%
トーク
検索
ダウンロードお忘れではないですか...
スマートニュース無料ダウンロード
AD・スマートニュース
ダウンロード忘れてない?
LINEかんたんヘルプ
友だち追加ありがとうございます
素敵な仲間 (4)
たなかがノートに投稿しました。
たなか
たなかがスタンプを送信しました
さすけ, たなか (3)
Keepメモ
あなただけが見ることができるトークルームです。メモ代わりに、テキス...
LINE
パスワードが変更されました。
17:29
11:53
11/25
11/24
11/6
ホーム
トーク
VOOM
ニュース
ウォレット

かんたんガイド

LINEアプリをインストール後、とりあえず使ってみたいという人へ、最小限のLINEの機能をまとめたかんたんガイドです。

» LINEの起動から、友だち追加、トーク、LINEを終了するまで

□LINEを起動する

1 ホーム画面にある「LINE」のアイコンをタップ

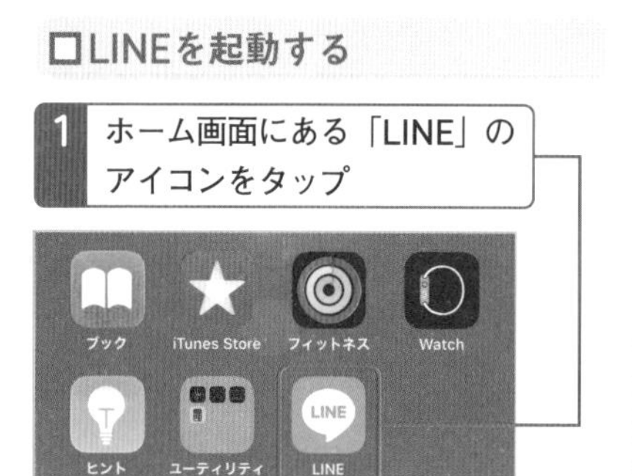

LINEが起動する

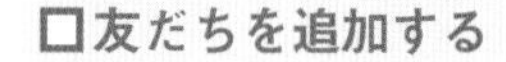

□友だちを追加する

1 ［友だち追加］をタップ

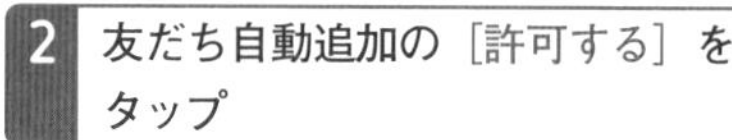

2 友だち自動追加の［許可する］をタップ

HINT ここでは連絡先から友だちを追加しています。ほかの方法はP.041以降を参照ください。

3 ［OK］をタップ

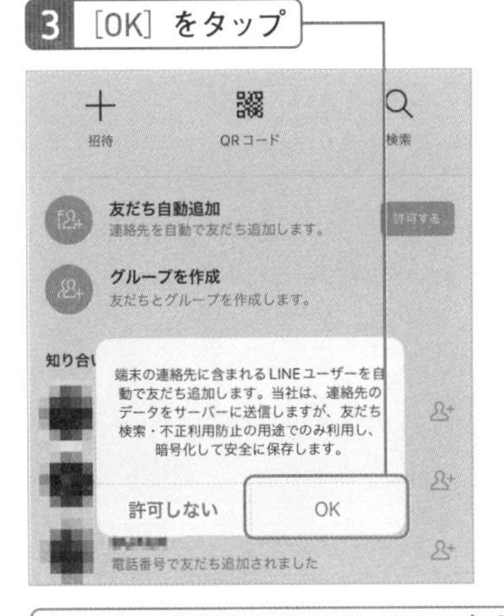

連絡先に登録されているLINEの友だちが追加される

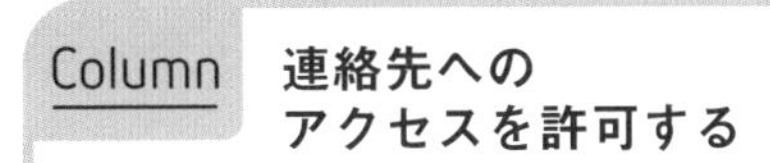

Column 連絡先へのアクセスを許可する

iPhoneで連絡先へのアクセスを許可していないと、下の画面のようなメッセージが表示されます。端末の「設定」アプリの［LINE］を開いて［連絡先］をオンにします。Androidは、「設定」アプリで［アプリ］→［LINE］→［権限］→［連絡先］を開いて、［許可］をタップします。

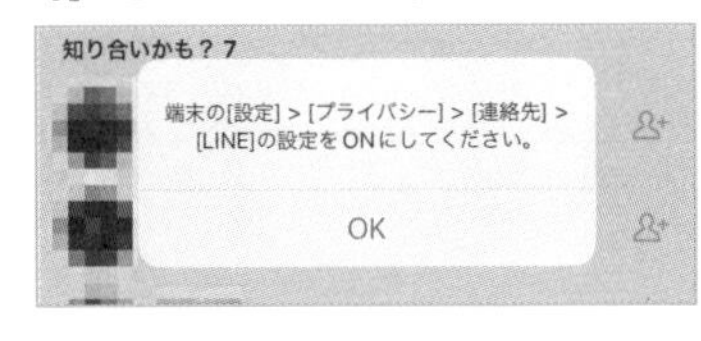

iPhone

Android

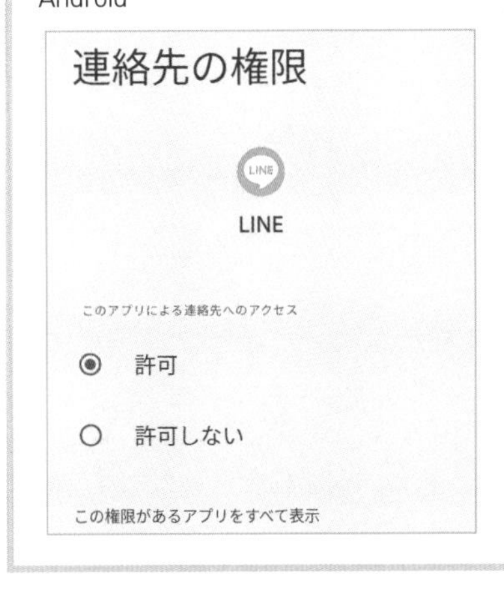

Column 友だちが追加されないときは

相手が［友だちへの追加を許可］というオプションをオフにしていると、連絡先を登録していても友だちに追加できません。その場合、［友だちへの追加を許可］をオンにしてもらうか、QRコードなどを利用して友だちを追加します。

HINT ［トーク］タブにはトークしたことがない友だちとのトークルームは表示されません。

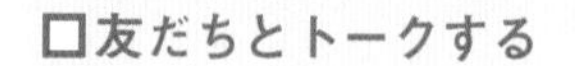

友だちとトークする

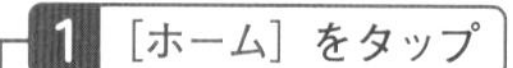

1 ［ホーム］をタップ

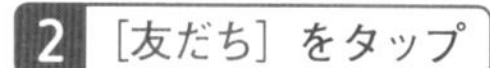

2 ［友だち］をタップ

友だちリストが表示される

3 トークしたい友だちをタップ

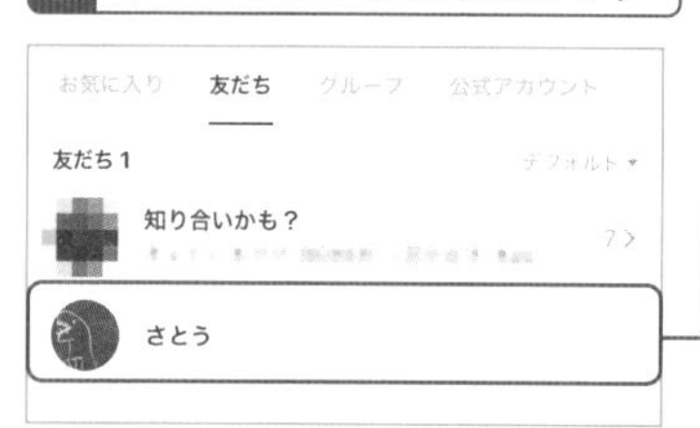

プロフィール画面が表示される

4 ［トーク］をタップ

トークルームが表示される

5 入力欄をタップ

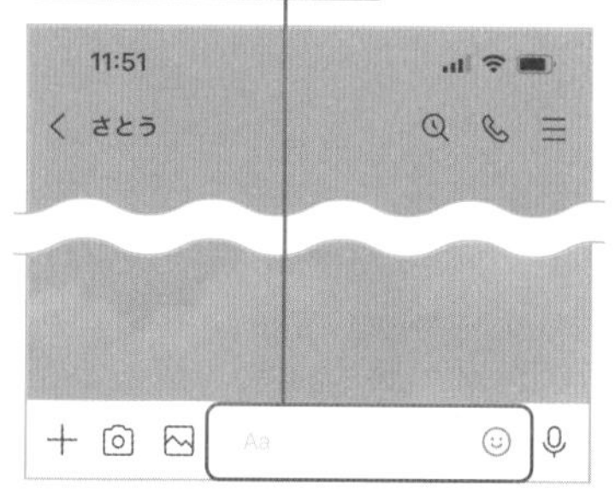

6 キーボードでメッセージを入力

7 ▶をタップ

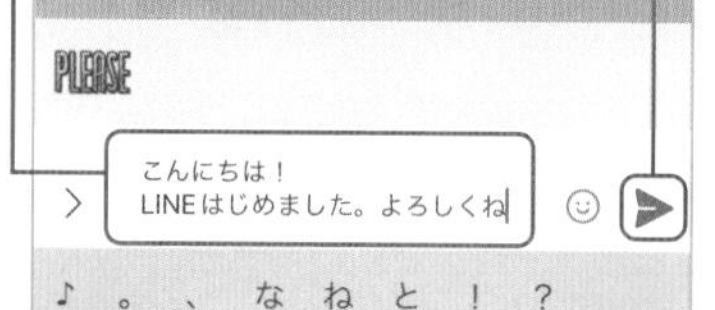

メッセージが送信される。送信したメッセージを相手が確認すると「既読」と表示される

HINT メッセージ入力中にスタンプや絵文字が候補に表示されることもあります。

□トーク中にスタンプを送る

1 ☺をタップ

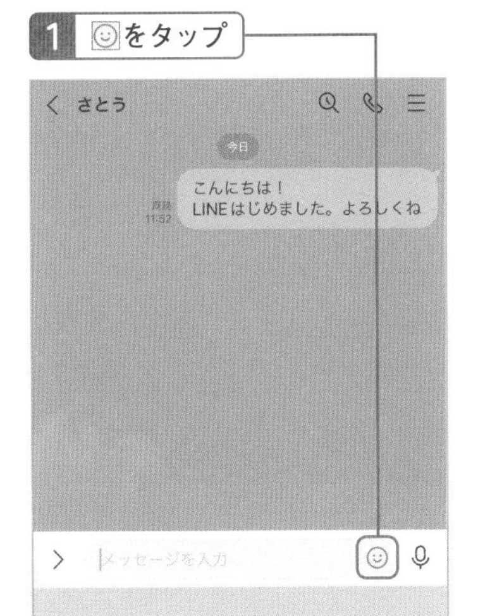

2 スタンプの種類をタップ

スタンプが表示される

3 送りたいスタンプをタップ

プレビューが表示される

4 ▶をタップ

スタンプが送信される

HINT　**2**では、上のスタンプ選択タブから選んでタップしても構いません。

□トークを終了する

1 [<] をタップ

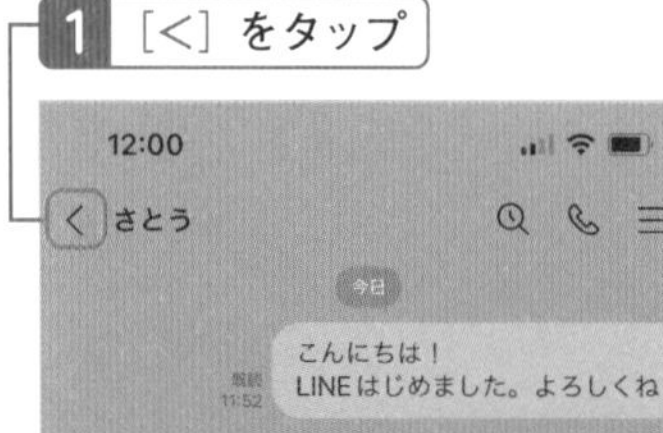

[トーク] タブが表示される

Check　かんたんにトークルームへ移動

[トーク] タブにはトークルームの一覧が表示されます。次回からはここから各トークルーム欄をタップすると会話を再開できます。

□LINEを終了する

LINEを終了するときは、画面下端にあるホームバー（ナビゲーションバー）を上方向にスワイプします。ただし、ホームボタンを搭載したiPhoneはホームボタンを押します。またAndroidを「3ボタンナビゲーション」で利用している場合は、ホームボタンをタップします。

1 上方向にスワイプ

HINT　LINEの終了方法は、ほかのアプリと共通です。

1章

これだけは知っておこう

- LINEを起動・終了するには?
- プロフィールに写真を登録・変更するには?
- ステータスメッセージを登録するには?
- 電話番号を教えずに友だちに追加してもらうには?

Q. 001 LINEを起動・終了するには？

A. 基本は他アプリと共通です

起動の際はスマートフォンのホーム画面からLINEアイコンをタップしましょう。終了時は端末によって少し動作が変わります。

» LINEの起動と終了

□LINEを起動する（iPhone）

1 ホーム画面にある「LINE」のアイコンをタップ

LINEが起動する

□LINEを起動する（Android）

1 ホーム画面にある「LINE」のアイコンをタップ

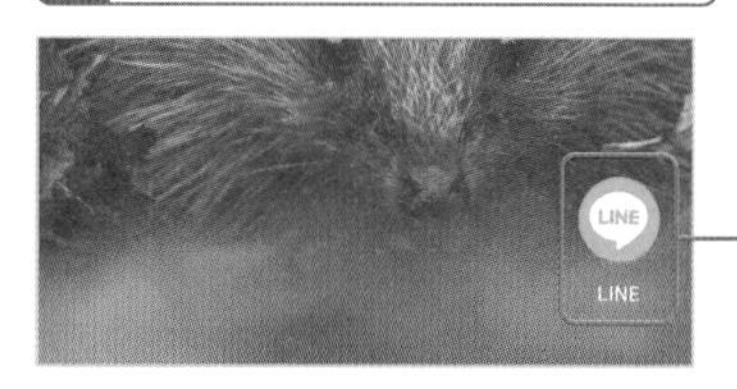

LINEが起動する

HINT LINEのインストール方法はP.014～を参照ください。

□LINEを終了する

LINEを終了するときは、画面下端にあるホームバー（ナビゲーションバー）を上方向にスワイプします。ただし、ホームボタンを搭載したiPhoneはホームボタンを押します。またAndroidを「3ボタンナビゲーション」で利用している場合は、中央のホームボタンをタップします。

○iPhoneの場合

ホームバーを上方向にスワイプ

1 上方向にスワイプ

ホームボタン搭載iPhoneではホームボタンを押す

○Androidの場合

ナビゲーションバーを上方向にスワイプ

1 上方向にスワイプ

○3ボタンナビゲーションの場合

1 ホームボタンをタップ

HINT　LINEの起動・終了方法は、ほかのアプリと共通です。

Q.002 プロフィールに写真を登録・変更するには？

A. [ホーム] 画面でアイコンをタップしましょう

プロフィールの写真は友だちリストに表示されるあなたの分身です。「画像なし」だと、なかなか会話もしづらいもの。早めに設定しておくとよいでしょう。

» プロフィールの写真設定

□プロフィールに写真を登録する

1 [ホーム] をタップ

2 自分のアイコンをタップ

3 ⚙をタップ

4 丸いアイコンをタップ

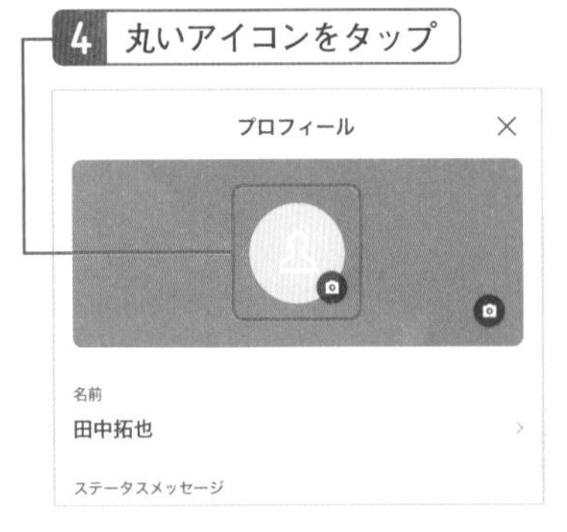

5 [写真または動画を選択] をタップ

カメラで撮影
写真または動画を選択
アバターを使用
未設定
電話番号
+81 80-

6 端末にある写真（または動画）を選択（その場で撮影することも可能）

Check 写真へのアクセス許可

写真へのアクセスが求められたら [すべての写真へのアクセスを許可]（Androidは [許可]）をタップしてください。

HINT 5の画面で [プロフィール画像を削除] すると人型アイコンに戻ります。

7 掲載したい範囲をドラッグやピンチ操作で指定

8 ［次へ］をタップ

9 ［完了］をタップ

Check 写真の加工が可能

画面右に並んでいるアイコンをタップして、さまざまな加工が可能です。

プロフィールに写真が登録される

□プロフィールの背景画像を変更する

プロフィールを表示しておく

1 背景画像をタップ

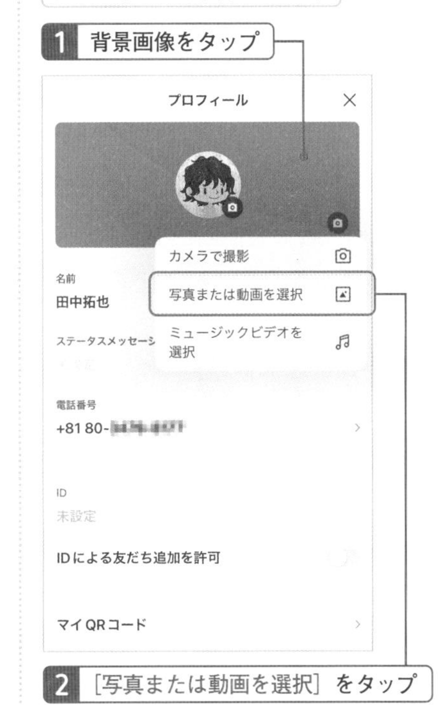

2 ［写真または動画を選択］をタップ

HINT 背景画像は、一度設定すると画像なしには戻せません。

3 背景画像に使いたい写真を選ぶ

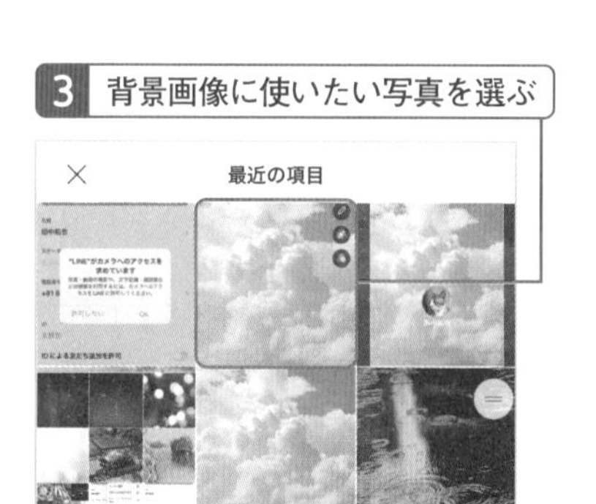

4 ドラッグやピンチ操作で写真の切り取り範囲を設定

5 [次へ] をタップ

6 [完了] をタップ

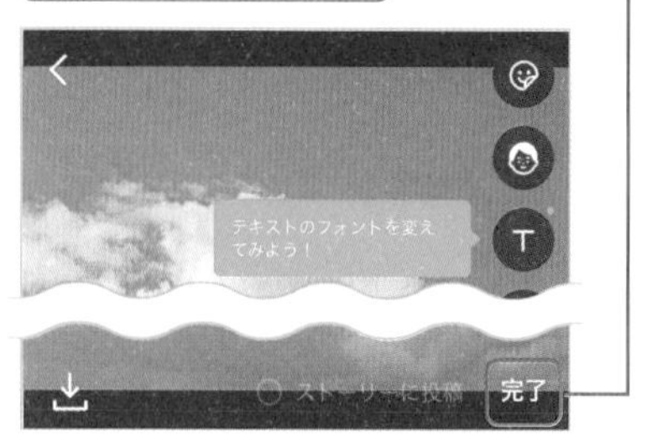

背景画像が変更される

7 [×] をタップ

変更したプロフィールが表示される

Check ストーリーに投稿する

6 で [ストーリーに投稿] のチェックをオンにするとストーリー (P.157) に投稿できます。

 HINT [プロフィール] 画面に動画やBGMを設定することも可能です。

003

ステータスメッセージを登録するには？

A. プロフィールの設定画面でステータスメッセージの登録や編集が行なえます

ステータスメッセージは、友だちリストやホーム画面に表示される独り言のようなものです。近況報告や好きな言葉を登録している人もたくさんいます。

≫ ステータスメッセージの登録と編集

□ステータスメッセージを登録／編集する

1 ［ホーム］をタップ

2 ⚙をタップ

田中拓也
ステータスメッセージを入力
BGMを設定
人気プレミアムスタンプ ＞
友だちリスト　すべて見る
友だち
さとう　1＞
グループ作成
友だちとグループを作成します。
ホーム　トーク　VOOM　ニュース　ウォレット

3 ［プロフィール］をタップ

設定
検索
プロフィール
個人情報
アカウント

4 ［ステータスメッセージ］をタップ

プロフィール
名前
田中拓也
ステータスメッセージ
電話番号
+81 80-
ID
未設定
IDによる友だち追加を許可

5 メッセージを入力

6 ［保存］をタップ

12 / 500
保存
生ドーナツがマイブーム

HINT　ステータスメッセージは500字まで登録できます。

ステータスメッセージが登録され友だちリストなどで表示されるようになる

□名前を変更する

1 ［ホーム］をタップ

2 ⚙をタップ

3 ［プロフィール］をタップ

4 ［名前］をタップ

5 変更したい名前を入力

6 ［保存］をタップ

HINT 名前はLINE IDと異なりいつでも何度でも変更できます。

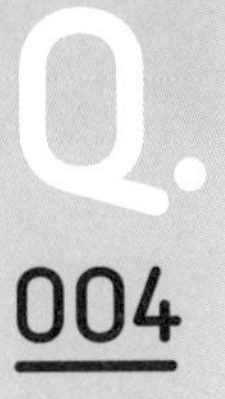

電話番号を教えずに友だちに追加してもらうには?

A. LINE IDを登録します

LINE IDはLINE内で使える固有のユーザー名です。LINE IDを設定しておくと、検索機能から友だちに追加してもらえるようになります。

» LINE IDの登録

□LINE IDを登録する

1 ［ホーム］をタップ

2 ⚙をタップ

3 ［プロフィール］をタップ

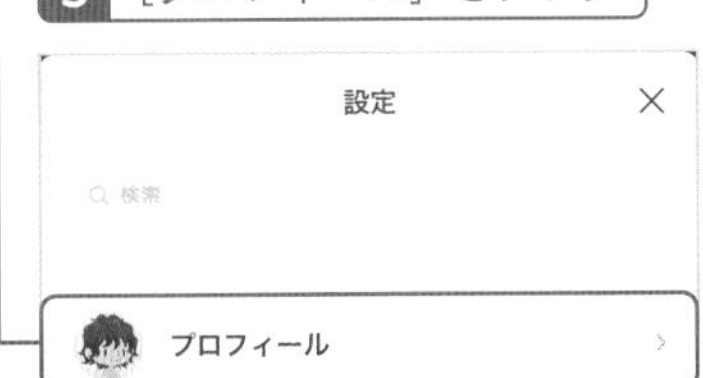

4 ［ID］をタップ

5 好きなIDを入力

6 ［使用可能か確認］をタップ

ID 10 / 20
tanakata88
LINEユーザーはあなたをIDで検索できます。
使用可能か確認

Check LINE IDは変更できない

一度登録したLINE IDは変更できません。よく考えてIDを付けるようにしてください。

Check IDが重複した場合

［使用可能か確認］をタップして「このIDは使用できません」と表示された場合、そのIDはほかのユーザーがすでに使用しています。IDは重複できないため、別のIDを入力してください。

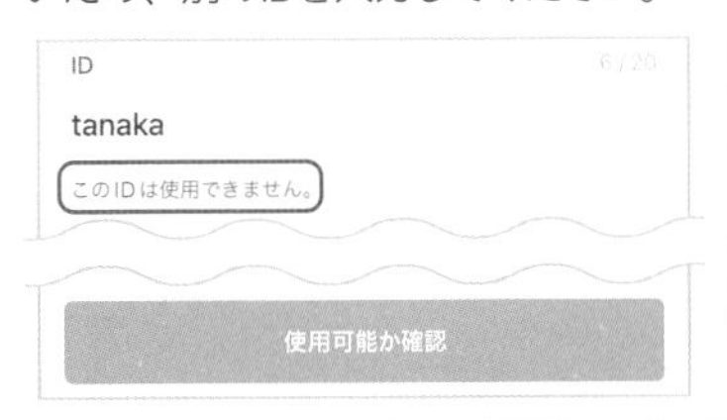

HINT　ひらがなやカタカナは使えません。半角英数字のみ使用できます。

7 ［保存］をタップ

ID登録が完了する

8 ［IDによる友だち追加を許可］をオンにする

Column 年齢確認を行う

8 で年齢確認のポップアップが表示された場合は年齢確認が必要です。キャリアを選択して年齢確認を行います。格安SIM（MVNO）を利用している場合は「その他の事業者をご契約の方」を選びます。

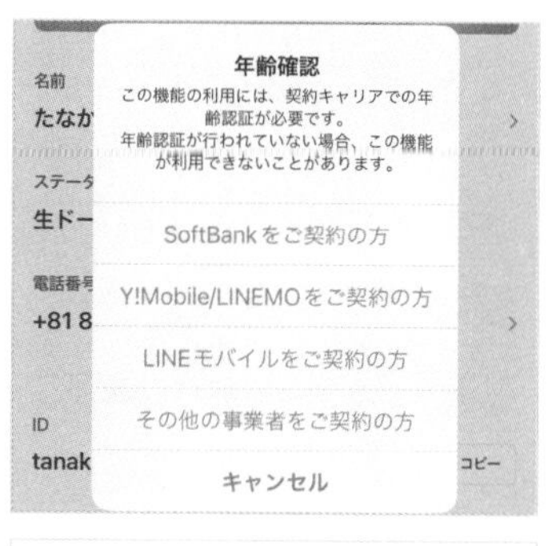

Column 友だち登録してもらうには

設定したLINE IDを相手に伝えて検索してもらいます。電話番号を伝える必要はなく、LINE IDだけで友だちに追加してもらえます。年齢確認ができない場合は、QRコード（P.042）を送っても友だちに追加してもらえます。

HINT　年齢確認のできない格安SIMもあります。

2章

友だちを追加しよう

- QRコードで友だちを気軽に追加するには?
- QRコードで友だちに追加してもらうには?
- 連絡先からまとめて友だちを追加するには?
- LINE IDや電話番号で検索して友だちを追加するには?
- 「知り合いかも?」ってなに?
- LINEを使っていない人を招待するには?
- よく連絡する友だちとのトーク画面にすばやく移動できるようにするには?
- 友だちの名前を変更するには?

Q. 005 QRコードで友だちを気軽に追加するには？

A. ［ホーム］の から［QRコード］をタップしましょう

近くにいる相手にはLINEの友だち追加用のQRコードを利用すると楽に友だち追加できます。ここでは友だちのQRコードの読み取り方法を紹介します。

≫ QRコードで友だちを追加

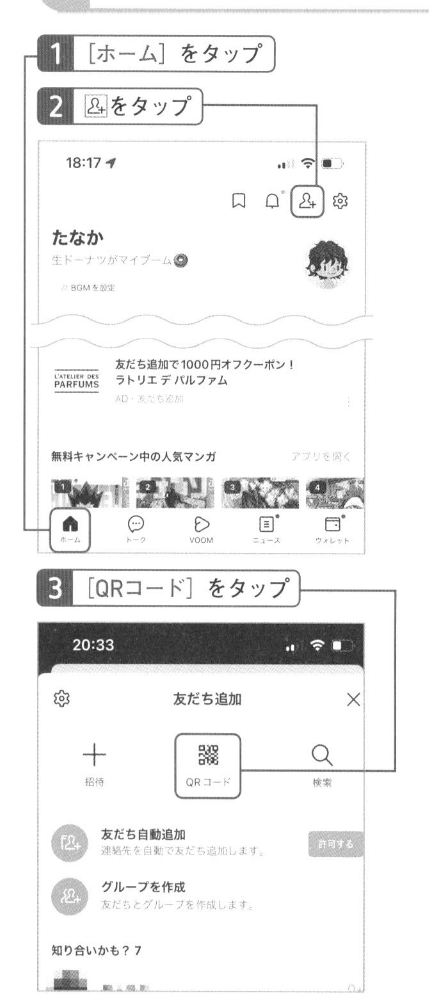

HINT 手順4～6が表示されない場合は構わず次の手順に進んでください。

6 ［すべての写真へのアクセスを許可］をタップ

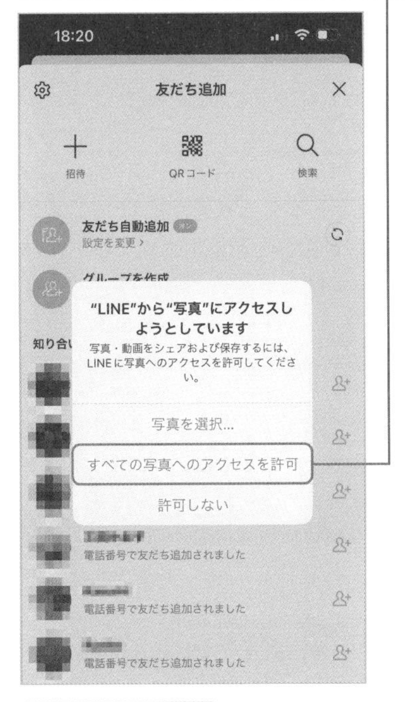

カメラが起動する

7 相手のQRコードを読み取る

QRコードの読み取りに成功すると、相手を友だち追加できる画面になる

8 ［追加］をタップ

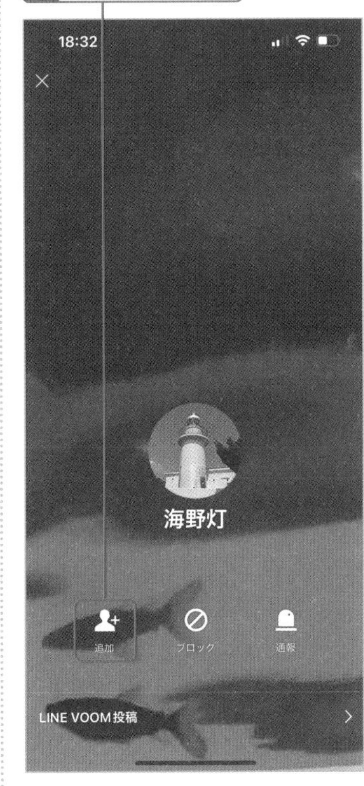

Column　QRコードの送信方法

7で［マイQRコード］をタップすると自分のQRコードが表示されます。友だちに直接スマートフォンのカメラで読み取ってもらうこともできますが、でメール送信したり、で写真として保存してからほかのアプリで利用もできます。

HINT　QRコードはプロフィール画面からも表示できます（P.044）。

Q.006 QRコードで友だちに追加してもらうには?

A. プロフィール画面からQRコードを表示しましょう

ここでは自分のQRコードを見せて友だちに読み取ってもらって、友だち追加する方法を紹介します。QRコードをメールなどで送ることも可能です。

自分のQRコードを表示する

1 [ホーム] をタップ

2 自分のアイコンをタップ

3 [QRコード] をタップ

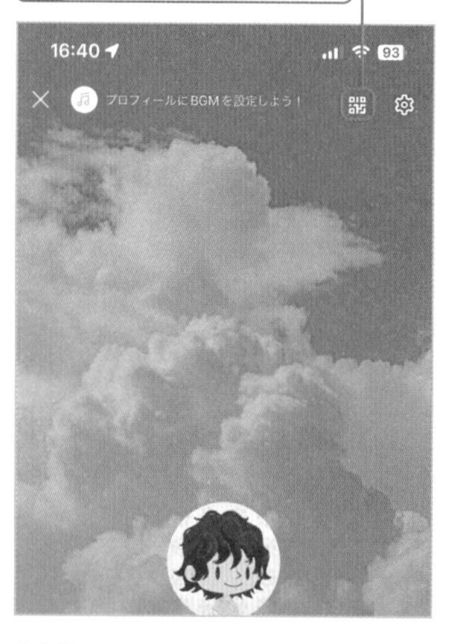

表示されたQRコードをP.042〜043の要領で友だちに読み取ってもらう

Check QRコードを更新する

[更新] をタップすると、新しいQRコードに更新されます。既存のQRコードや招待リンク(P.049)を無効にしたいときに更新してください。

HINT [QRコードをスキャン] をタップすると、友だちのQRコードを読み取れます。

連絡先からまとめて友だちを追加するには？

007

A.「友だち自動追加」をオンにしましょう

連絡先のデータをLINEにアップロードして、連絡先に含まれるLINEユーザーをまとめて友だち追加する機能が「友だち自動追加」です。

連絡先から友だちを追加

友だちの自動追加をする

1 ［ホーム］をタップ

2 をタップ

3 「友だち自動追加」の［許可する］をタップ

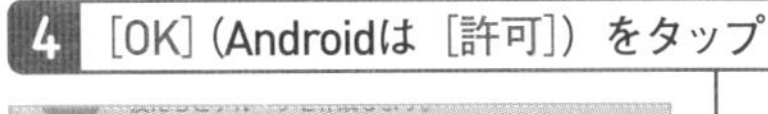

4 ［OK］（Androidは［許可］）をタップ

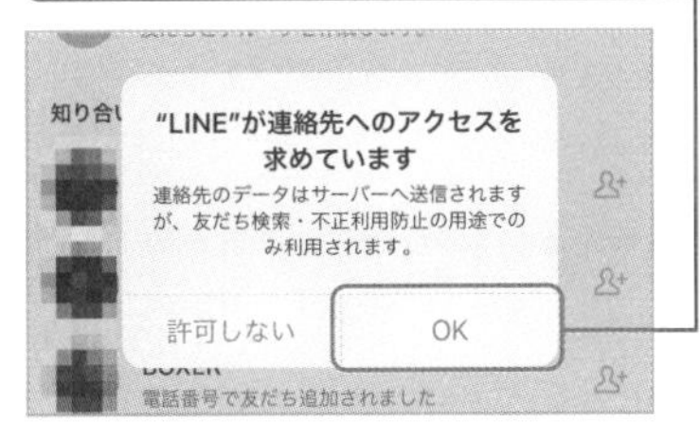

［ホーム］タブに追加した友だちが表示される

Column 相手に通知される

「友だち自動追加」などを使って友だちを追加したとき、相手が自分を友だちに追加していないケースでは、相手のLINEの「知り合いかも？」に表示されることになります。「知り合いかも？」については、P.048でも紹介しています。

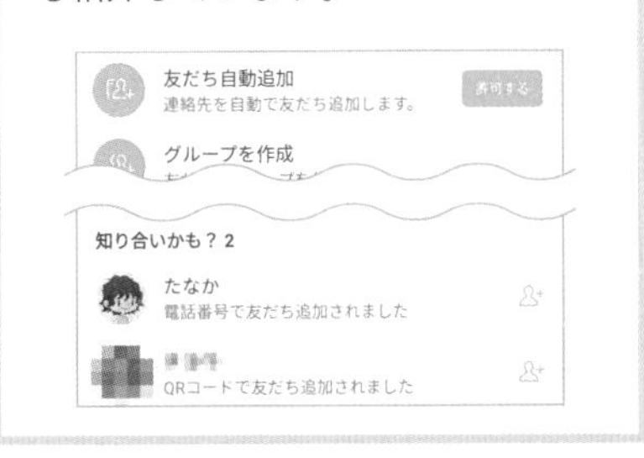

HINT P.019で「友だち自動追加」を許可している場合、ここでの操作は不要です。

自動で友だち追加されたくない場合

ほかの人が連絡先から自分を友だちに追加・検索するのを回避したい場合は設定をオフにしましょう。

1 ［ホーム］をタップ

2 👤+をタップ

3 ［友だち自動追加］をタップ

4 ［友だちへの追加を許可］をオフにする

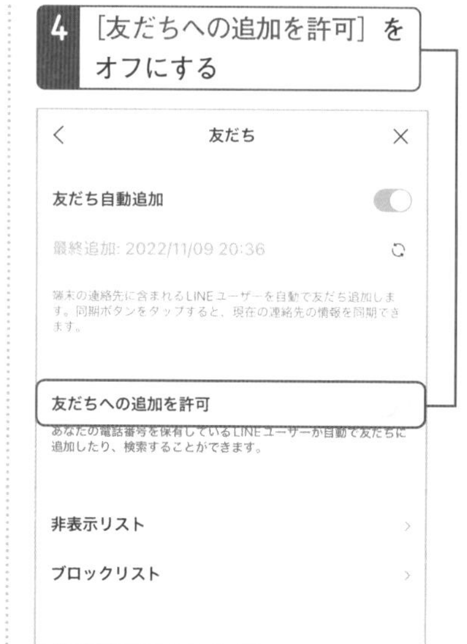

Column 新しい友だちを登録した場合

連絡先に新しく登録した友だちを追加したいときは、このページの「自動で友だち追加されたくない場合」で説明している［友だち追加］画面で、同期ボタンをタップします。再び連絡先が読み込まれて友だちを自動追加できます。

HINT 自分から友だち自動追加をしたくない場合は「友だち自動追加」をオフにします。

LINE IDや電話番号で検索して友だちを追加するには？

A. 友だち追加の画面から検索できます

LINEのIDや相手の電話番号がわかっている場合は、[友だち追加]画面にある［検索］をタップして友だちを検索できます。

» LINE IDや電話番号で友だち追加

□LINE IDから友だち追加する

1 ［ホーム］をタップ

2 をタップ

3 ［検索］をタップ

4 ［ID］を選択

5 友だちのLINE IDを入力

6 をタップ

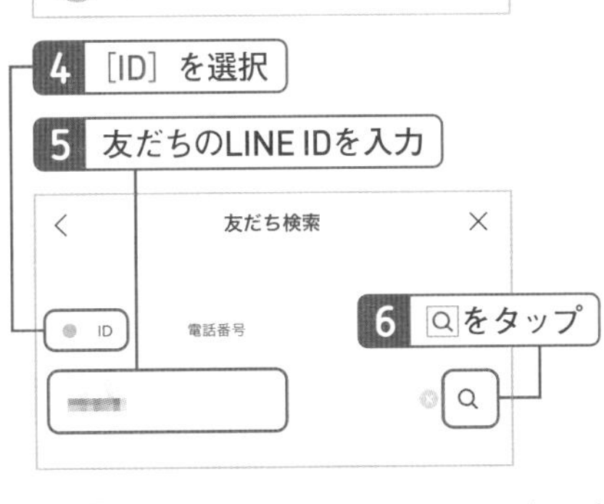

7 ［追加］をタップ

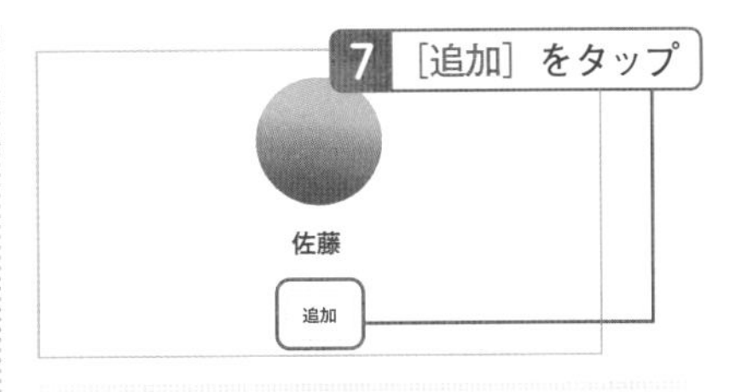

Check 年齢確認が必要

IDや電話番号を使って検索するには年齢確認（P.040）が必要です。

□電話番号から友だち追加する

1 ［電話番号］を選択

2 友だちの電話番号を入力

3 をタップ

4 ［追加］をタップ

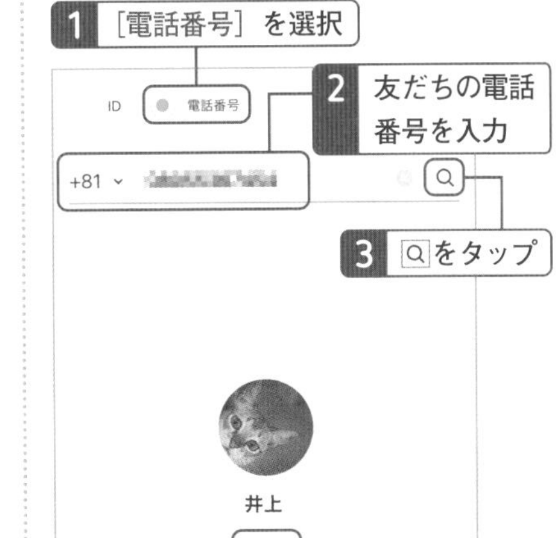

友だちに追加される

HINT 相手が「IDによる友だち追加を許可」(P.110) をオフにしているとIDで検索できません。

Q.009 「知り合いかも?」ってなに?

A.「知り合いかも?」には、一方的な友だち関係にある人が表示されます

「知り合いかも?」には、自分を友だちに追加していて、こちらからは登録していない人が表示されます。こちらも追加すればお互いに友だちになります。

»「知り合いかも?」から友だちを追加

1 [ホーム]をタップ

2 をタップ

「知り合いかも?」に自分を友だちに追加しているユーザーが表示される

3 友だちに追加したい場合のみアイコンをタップ

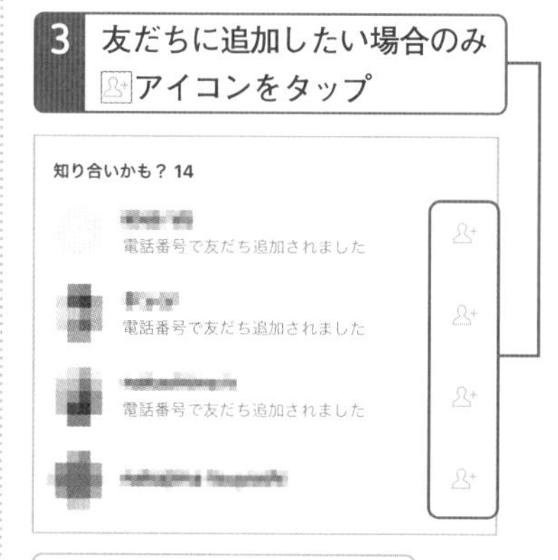

新しい友だちに追加される

Column 「知り合いかも?」に表示される理由

「知り合いかも?」の名前の下には、どのような方法で友だちに追加したかが表示されています。ここには電話番号、ID検索、QRコードなどが表示されます。ただしグループを経由して友だちに追加された場合、理由が表示されません。ちなみに「知り合いかも?」から友だちに追加しても、相手には通知されません。

 HINT リストのユーザーを左にスワイプ(または長押し)するとブロックできます。

LINEを使っていない人を招待するには？

A. SMSまたはメールで招待メールを送信できます

LINEを使っていない人に招待メールを送ると、LINEをインストールするためのURLとQRコードが送られ、友だちに追加してもらうことができます。

» LINEへの招待メールの送信

1 ［ホーム］をタップ

2 をタップ

3 ［招待］をタップ

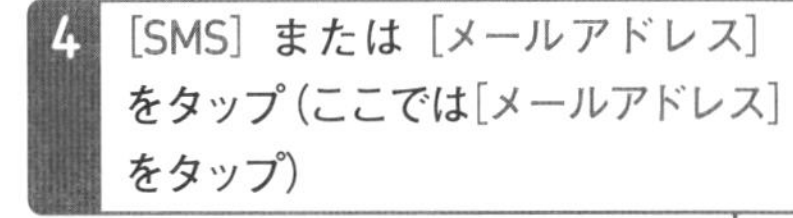

4 ［SMS］または［メールアドレス］をタップ（ここでは［メールアドレス］をタップ）

5 招待を送信したい相手の［招待］をタップ

HINT　招待を送信するには相手の電話番号またはメールアドレスが必要です。

6 ［送信］ボタンをタップ

キャンセル
LINEで一緒に話そう！
宛先: @gmail.com
Cc/Bcc、差出人: @icloud.com
件名: LINEで一緒に話そう！
たなかから、コミュニケーションアプリ「LINE」への招待が届いています。
友だちや家族と音声・ビデオ通話やグループトーク、スタンプ、ゲームなどをお楽しみください！
ダウンロードはこちら：https://line.me/D
たなかを友だちに追加するには、下記のリンクにアクセスするか、添付のQRコードをスキャンしてください。
https://line.me/ti/p/

Check 招待できない場合

招待を送信するときは、端末の連絡先を参照します。iPhoneなら「設定」アプリで［LINE］を開いて［連絡先］をオンにします。

Check 招待されるとどうなる？

メッセージやメールに招待が届くと、QRコードとアプリのダウンロードリンクが表示されます。タップするとLINEのインストール画面が開きます。

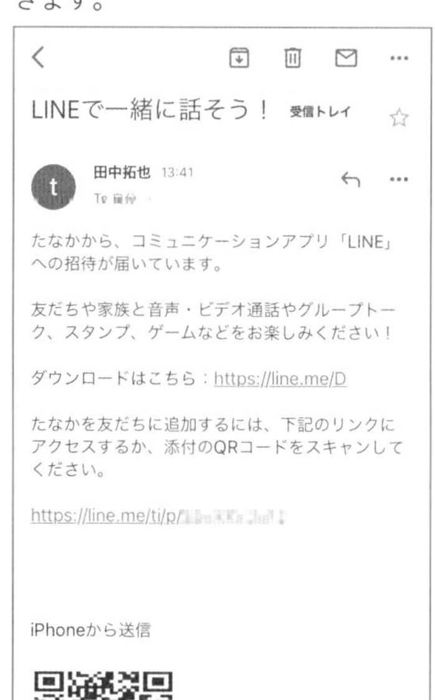

すでにLINEをインストールしている場合は、友だち追加の画面になり、招待を送信したユーザーをすぐ追加できるようになっています。

HINT 招待メールをもらっても、友だちに追加しないという選択もできます。

よく連絡する友だちとのトーク画面にすばやく移動できるようにするには？

Q. 011

A. 「お気に入り」を使うと、友だちを探しやすくなります

友だちが増えてくるとリストが長くなって、連絡を取りたい相手を探しにくくなります。リストの先頭に表示されるように「お気に入り」を活用しましょう。

友だちをお気に入りに追加・解除

「お気に入り」に追加する

1 ［ホーム］をタップ

2 ［友だち］をタップ

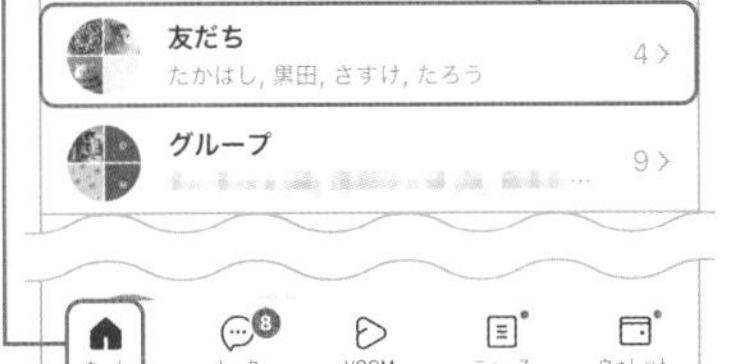

3 友だちをタップ

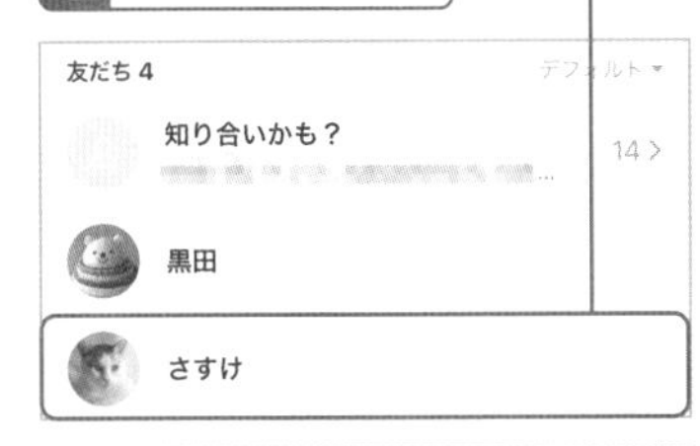

相手のプロフィールが表示される

4 ［☆］をタップ

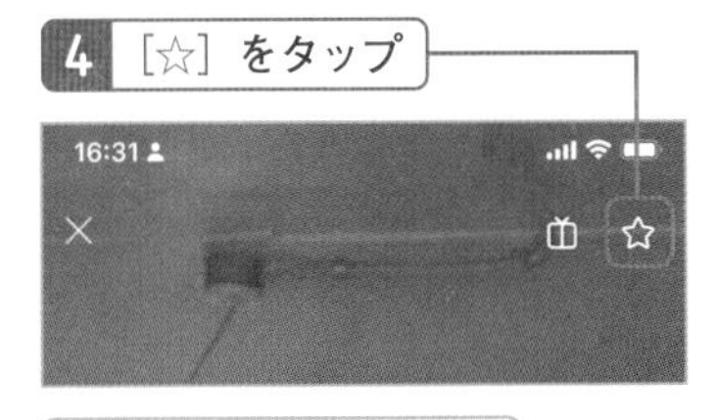

［☆］が［★］に変わる

5 画面上部の［×］をタップ

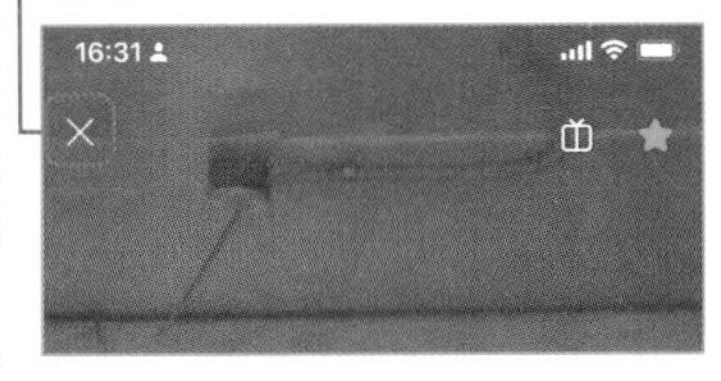

「お気に入り」に登録されている

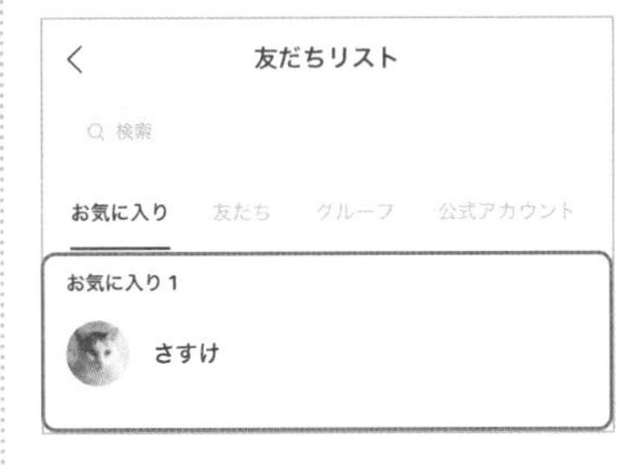

「お気に入り」を解除する

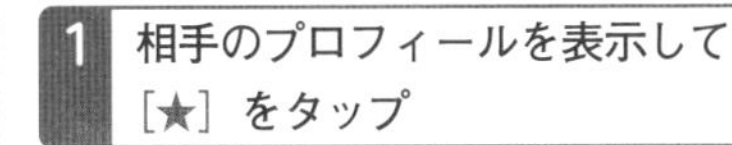

1 相手のプロフィールを表示して［★］をタップ

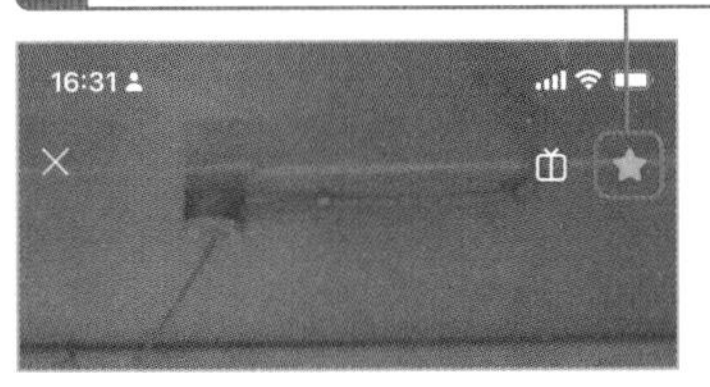

［★］が［☆］に変わり、お気に入りが解除される

HINT　グループ（P.120）もお気に入りに登録できます。

Q. 012 友だちの名前を変更するには？

A. 友だちのプロフィール画面の✏から表示名を変更しましょう

友だちの名前がアルファベットで読みにくかったり、あだ名で書かれていたりしてわかりづらいときは、表示名を変えるだけで区別しやすくなります。

» 友だちの表示名の変更

1 ［ホーム］をタップ

2 ［友だち］をタップ

3 友だちをタップ

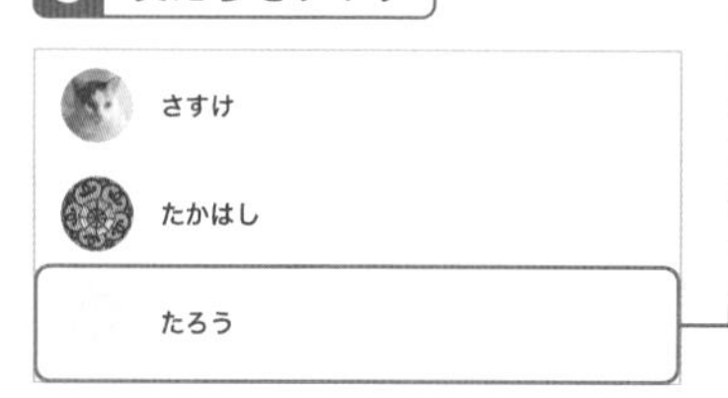

相手のプロフィール画面が表示される

4 ✏をタップ

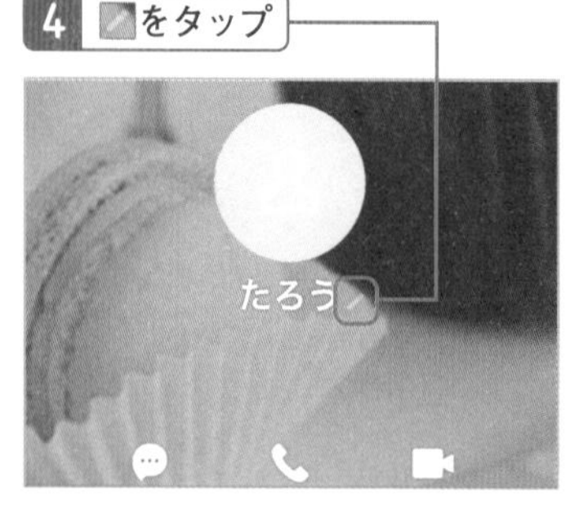

5 わかりやすい名前に変更

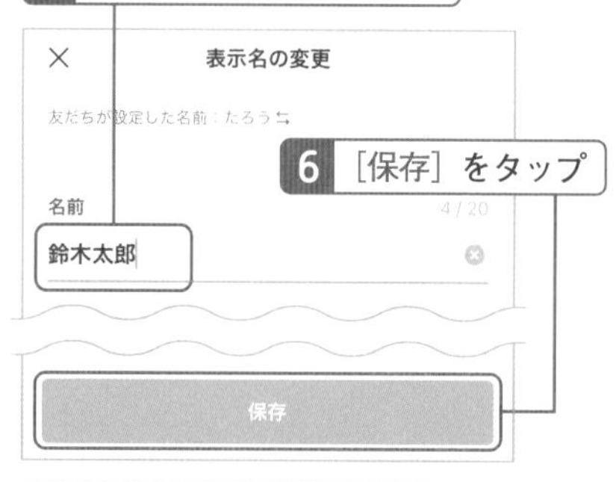

6 ［保存］をタップ

相手の表示名が変更される

鈴木太郎

> **Column 表示名は自分だけに表示される**
>
> 名前を変えても相手に伝わることはありません。わかりにくい名前は「誰だっけ？」とならないためにもしっかり編集しておきましょう。ただしLINEの画面を見られると相手にバレます。スクリーンショットを送るときなどは注意が必要です。

HINT 表示名を変えるのは、相手を友だちに追加したタイミングがベストです。

3章

トーク・通話をしよう

- トークを開始するには?
- スタンプを送るには?
- メッセージにリアクションを送るには?
- 豊富な絵文字を使うには?
- 写真や動画を送るには?
- 送られてきた写真や動画を保存するには?
- 間違えて送ったメッセージは取り消せる?
- メッセージを削除するには?
- トーク内で大事なメッセージを目立たせるには?
- 大量の写真をまとめて共有するには?
- 今いる場所や待ち合わせ場所を相手に知らせるには?
- ボイスメッセージを送るには?
- トークを検索して過去のトーク内容を探すには?
- トークのスクリーンショットを撮るには?
- 無料通話が利用できるって本当?
- 無料のビデオ通話を利用するには?
- 通話中にスマートフォンの画面を共有するには?

Q. 013 トークを開始するには？

A. 友だちを選んでトークを開始します

さっそくトークルームを開いてトークを開始してみましょう。メッセージが吹き出しで表示されるので、実際に会話しているような雰囲気でトークできます。

トークを開始する

1 ［ホーム］をタップ

2 ［友だち］をタップ

3 トークしたい友だちをタップ

4 ［トーク］をタップ

5 キーボードでメッセージを入力

6 ▶をタップ

HINT ［トーク］タブの右上にある をタップしてもトークを開始できます。

吹き出しでメッセージが送信される。送信したメッセージを相手が確認すると［既読］と表示される

7 左上の［<］をタップ

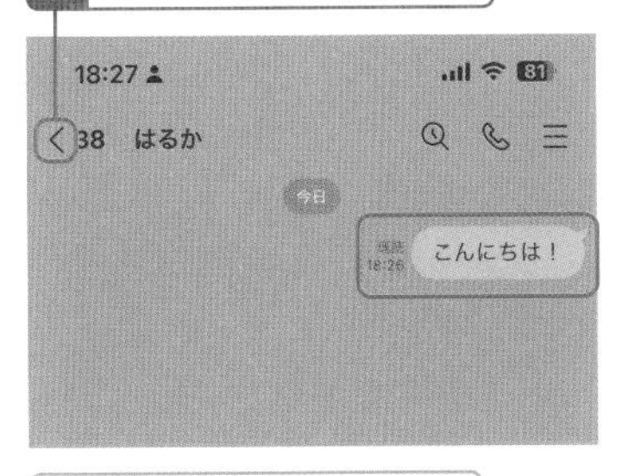

［トーク］タブに移動する

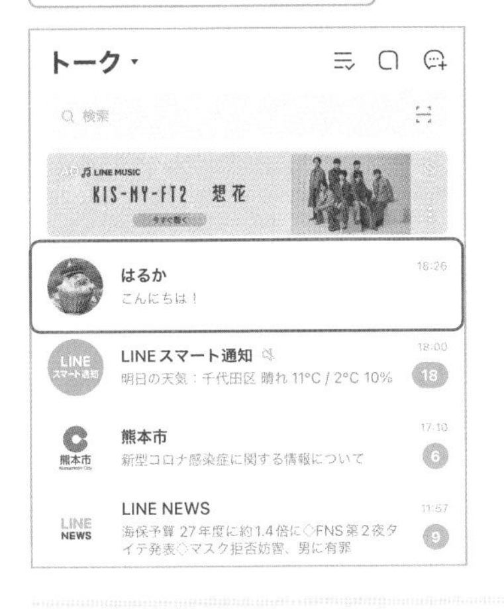

Check 届いたメッセージを確認するには

メッセージを受信すると画面のようにロック画面に通知が表示されます。通知をタップするとトークルームが開いて、メッセージを確認したり返信したりできます。

Check 未読件数の表示

未読のメッセージがあると、LINEアプリのアイコンや［トーク］タブに数字（バッジ）が表示されます。受信通知を見逃しても、アイコンを見れば新しいメッセージが届いていることが確認できます。

Check ［トーク］は トークの履歴一覧

［トーク］タブでは最後にやりとりしたメッセージの一部が表示されています。次回からは履歴をタップすると、トークルームが開いて会話を再開できます。

HINT メッセージは1万文字まで送信できます。改行や空行も挟めます。

Q. 014 スタンプを送るには？

A. 入力欄の横にある☺をタップして、スタンプを送れます

LINEの特徴であるスタンプを送る方法を紹介します。個性的なスタンプが最初から使えるようになっているので、まずはこれらから試すとよいでしょう。

» スタンプを使う

□スタンプを送る

トークルームを開いておく

1 入力欄の横にある☺をタップ

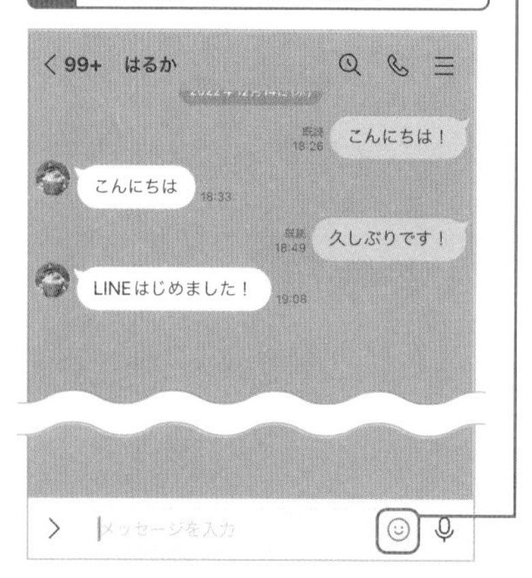

スタンプが表示される

2 使いたいスタンプをタップ

Check スタンプへの切り替え

小さな絵文字が表示されたときは、絵文字選択タブ左のアイコンをタップすると、スタンプ表示に切り替わります。

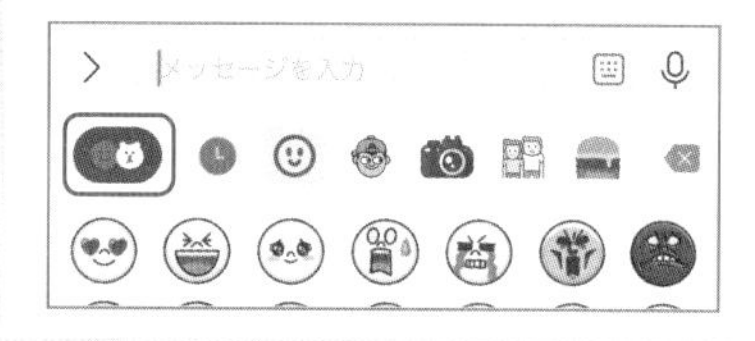

プレビューが表示される

3 ▶をタップ

スタンプが送信される

HINT ●をタップすると、最近使用したスタンプが表示されます。

□スタンプを切り替える

スタンプの一覧部分を左右にスワイプすると、スタンプの種類を切り替えることができます。入力欄の下のスタンプ選択タブにあるアイコンをタップしても同じです。

□カテゴリータブを使う

#をタップすると、感情やシーンを選んで送りたいスタンプを見つけることができます。

1 #をタップ

2 送りたいカテゴリーをタップ

候補のスタンプが表示される

Column スタンプからキーボードに戻す

スタンプが表示されているときにメッセージの入力欄をタップすると、キーボードに戻ります。

Column 無料で使えるスタンプを増やす

スタンプ選択タブにある⚙アイコン→［マイスタンプ］をタップすると、ダウンロードできるスタンプが表示されます。標準でダウンロードできるスタンプも数種類あります。

HINT　LINEのアップデートで標準スタンプの種類が増えることもあります。

Q.015 メッセージにリアクションを送るには？

A. メッセージを長押しすると、アイコンでリアクションを送れます

リアクションは、グループでスタンプを押すことに気が引けるときや、特定のメッセージに反応したいときなど、様々なシーンで利用できて便利です。

» リアクションを送る

1 リアクションしたいメッセージを長押しする

2 6つのアイコンから好きなものをタップ

3 メッセージの下にリアクションが表示される

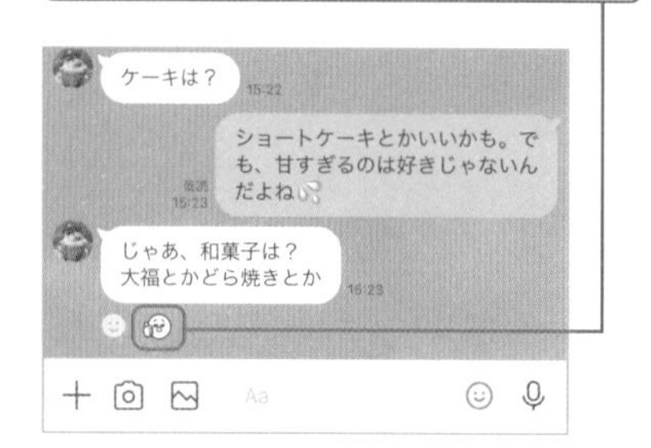

Check 画像にリアクションを送る

画像へリアクションを付けたいときは、画像を個別に表示すると☺が表示されるので、それをタップしてアイコンを選択できます。

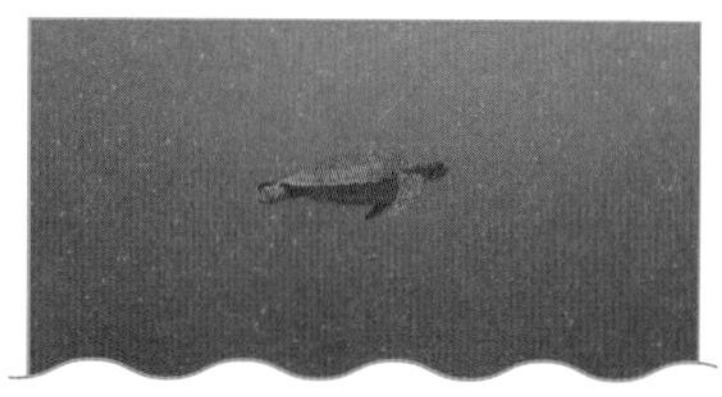

Column リアクションを変更／削除する

リアクションを変更したいときは、☺をタップして別のアイコンをタップします。同じアイコンをタップすると削除できます。

HINT リアクションはメッセージが送信されてから7日以内は何度でも変更／削除可能です。

Q.016 豊富な絵文字を使うには？

A. LINEには1000種類以上の絵文字が用意されていて、スタンプと切り替えて使えます

LINEには1000種類以上の絵文字が収録されています。スタンプのように大きく使うことや、メッセージの自由な位置に挿入して使うことができます。

» 絵文字を使う

□絵文字を入力する

1 メッセージを入力し、入力欄の横にある☺をタップ

絵文字が表示される

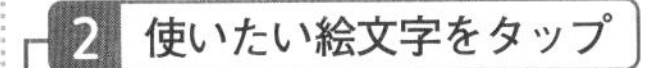

2 使いたい絵文字をタップ

3 ▶をタップ

絵文字付きのメッセージが送信される

Check 絵文字への切り替え

スタンプが表示されたときは、スタンプ選択タブ左の●アイコンをタップすると、絵文字入力に切り替わります。

Column キーワードから絵文字を探せる

キーボードからテキストを入力するときに、スタンプと同じく絵文字がサジェストとして表示されることもあります。「うれしい」「かなしい」など、入力した内容にぴったり合う絵文字をさっと探せるので便利です。

Column 大きなサイズの絵文字を出す

テキストなしで絵文字を1つだけ入力すると、スタンプのように大きく表示されます（されないものもあります）。

□デコ文字を使う

1 入力欄に文字を一文字入力

2 サジェストからデコ文字をタップ

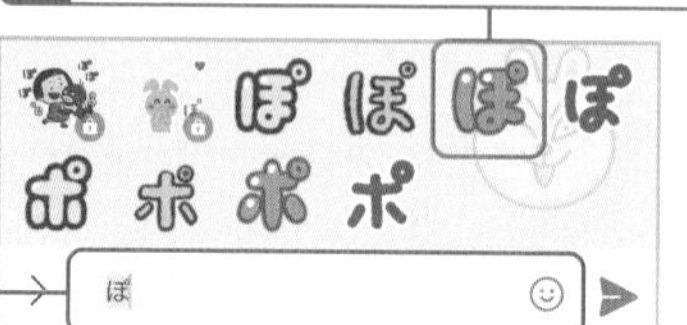

デコ文字が入力される

3 ▶をタップ

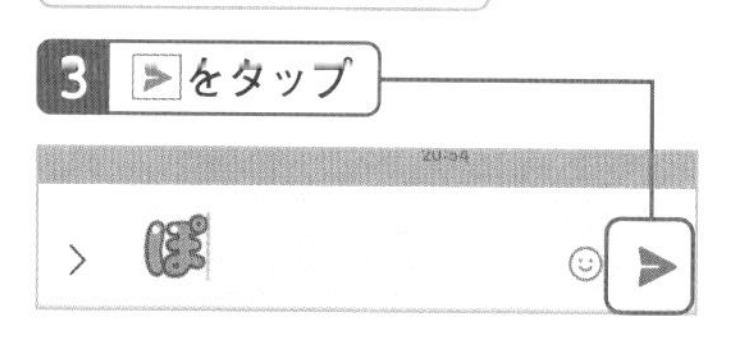

デコ文字が送信される

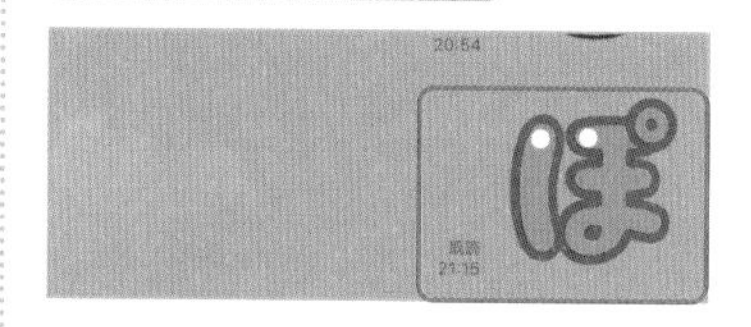

Column デコ文字とは

絵文字の中には、「デコ文字」という文字スタンプ型の絵文字があります。ガラケー時代のデコメにも似ていて、トークを楽しく飾ります。デコ文字はサジェストからだけでなく、画面下のパレットから選んで連続入力することもできます。

 HINT メッセージに絵文字が含まれていると、通知上では一部変換されて表示されます。

Q. 017 写真や動画を送るには？

A. トークルームの入力欄の［>］から 🖼 または 📷 をタップしましょう

おもしろい写真や動画が撮れたらLINEで送ってみましょう。その場で撮影することや、加工してから送ることも可能です。

写真や動画の送信

スマートフォンの写真や動画を送信する

1 トークルームで入力欄の横にある［>］をタップ

2 🖼 をタップ

3 送りたい写真または動画をタップ

全画面で表示される

4 ▶ をタップ

選んだ写真や動画が送信される

HINT スマートフォンから送信するときは複数の写真や動画を選択できます。

Column スマートフォンの写真を見やすく調整する

写真一覧の右下にある⊞をタップすると、写真のサムネイル一覧が全画面になり見やすくなります。

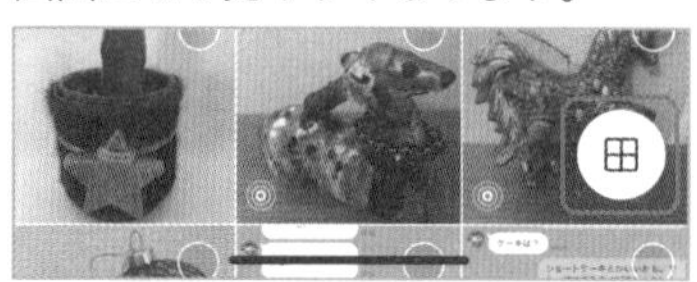

また、全画面表示にしたときの上部のタブでは写真をアルバムやフォルダごとに絞り込んで表示できます。

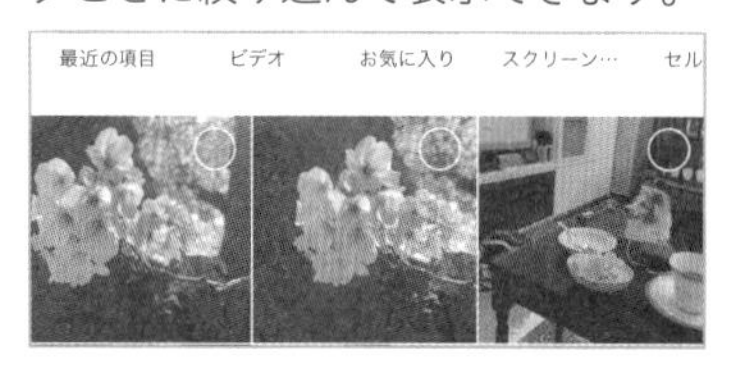

写真を加工する

写真や画像を送信する前に、加工することができます。画像の送信画面の右側には加工のためのツールが用意されており、フィルターをかけたり、トリミングしたりできます。

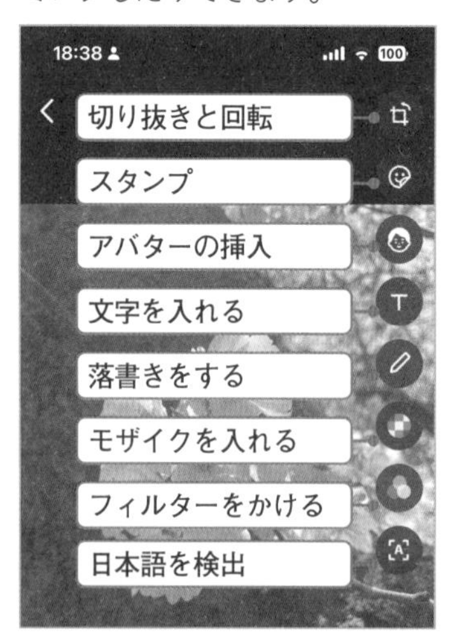

カメラで写真を撮影して送る

1 トークルームで入力欄の横にある📷アイコンをタップ

カメラが起動する

2 シャッターボタンをタップして撮影

HINT 送信する写真は自動でファイルサイズが小さく圧縮されます。

写真のプレビューが表示される

3 ▶をタップ

撮影した写真が送信される

Column カメラの機能

動画を撮影したいときは、撮影ボタンを押す前に画面下の［動画］をタップして撮影モードを動画に切り替えます。画面右上にはカメラの切り替え、フィルター、顔加工などのボタンが並んでいます。

Column エフェクトを利用する

シャッターボタンの左横にある◎をタップすると、LINEカメラのエフェクト機能を呼び出せます。エフェクトのアイコンをタップすれば、その場で効果を確認しながら撮影できます。

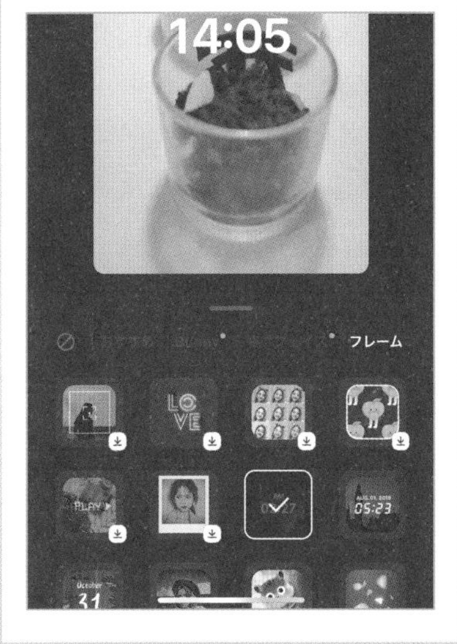

HINT 撮影モードには文字認識やアバターと一緒に撮影するモードもあります。

☐動画を撮影して送る

1 をタップしてカメラを起動したら［動画］をタップ

2 シャッターボタンをタップし撮影を開始

3 再度シャッターボタンをタップし撮影を終了

4 をタップ

動画が送信される

Column 動画を切り取る

4の画面で右のアイコンをタップすると、動画の開始点と終了点をスワイプで修正しトリミングすることができます。

HINT 動画は最長5分までです。送信時には圧縮されるため画質は落ちます。

送られてきた写真や動画を保存するには?

A. 「Keep」やスマートフォン本体に保存できます

LINEで送られてきた写真や動画には保存期間があります。あとで見返したい写真や動画は、LINEの「Keep」やスマートフォンに保存しておくと安心です。

Keepへの保存

写真や動画をKeepに保存する

トークルームを開いて保存したい写真や動画を表示する

1 保存したいメッセージを長押しする

2 [Keep] をタップ

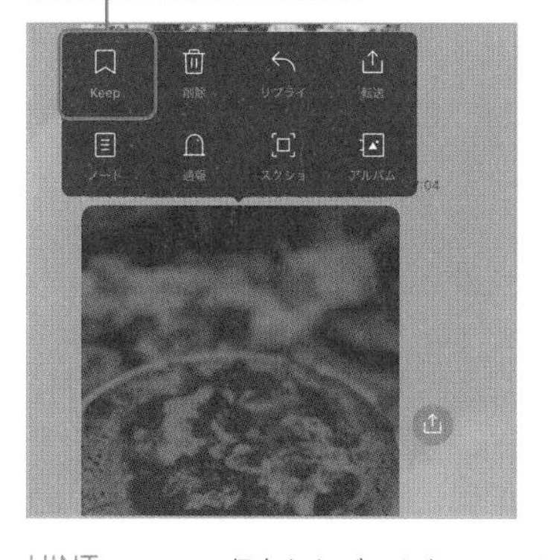

3 [保存](Androidは[Keep])をタップ

メッセージがKeepに保存される

Column Keepについて

LINEで送受信したメッセージや画像、動画などを保存できるスペースが「Keep」です。保存できるデータは最大1GBで、スマートフォンのストレージを使わないので、空き容量に余裕がなくても気軽に使えます。しかも保存期間は無期限です。ただし50MBを超えるデータのみ30日間に制限されるので、この場合はスマートフォンに保存しましょう (P.066)。

HINT Keepに保存したデータをスマートフォンに保存することも可能です。

Check 複数メッセージの保存

3で［保存］をタップする前に、複数のメッセージをタップして保存をすることもできます。

Column 写真や動画の保存期間について

LINEで送られた写真や動画はLINE上のサーバーに保存されます。保存期間は非公開なので不明ですが、保存期間が過ぎると、写真や動画を読み込めなくなるので、これを防ぐため端末やKeepに保存します。

□Keepを表示する

自分のプロフィール画面を表示して［Keep］をタップします。Keepに保存したアイテムが表示されます。ここでは不要になったアイテムの削除もできます。

Column キャッシュやスマートフォンに保存する

Keepに保存しなくても、ファイルが消えるのを回避する方法があります。それは、写真や動画をタップして拡大表示することです。保存期間が過ぎる前に一度でもこの操作をしておけば、LINE内にデータが保存されます。ただし、キャッシュとして保存されているだけなので、別の端末にLINEを引き継いだり、キャッシュから写真データを削除したりすると読み込めなくなる点は注意が必要です。

また、拡大した画面で、右下の⬇アイコンをタップすると、スマートフォンにファイルとして保存できます。

HINT Keepには、メッセージやスタンプ、URLなども保存できます。

Q.019 間違えて送ったメッセージは取り消せる?

A. 送信して24時間以内なら既読・未読のどちらも取り消せます

送信ボタンを押したあとに「しまった、間違えた」ということは誰でもあります。「送信取消」で相手のトーク画面からメッセージを削除できます。

» 送信したメッセージの取り消し

1 取り消したいメッセージを長押し

2 [送信取消] をタップ

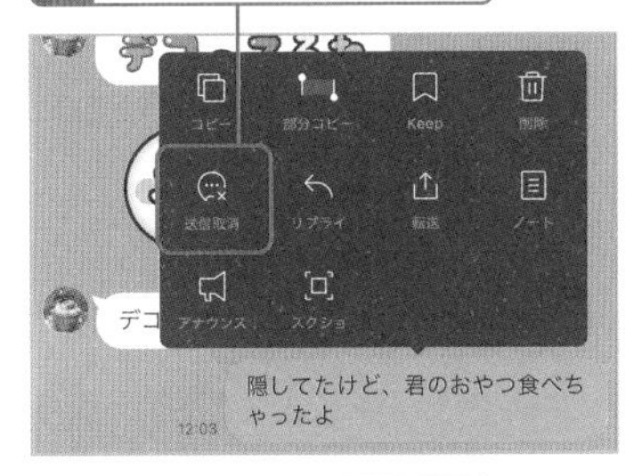

3 [送信取消] をタップ

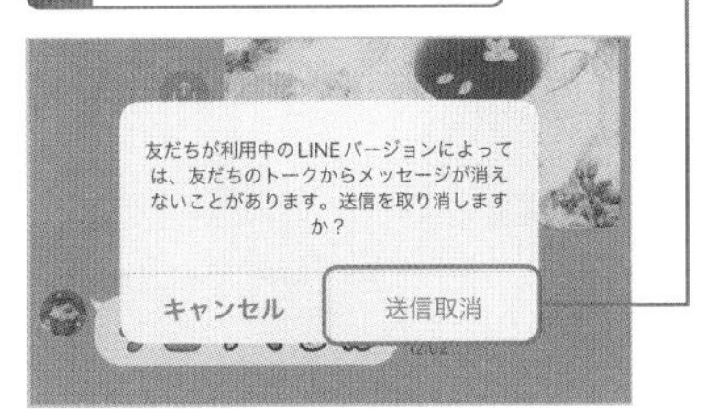

友だちが利用中のLINEバージョンによっては、友だちのトークからメッセージが消えないことがあります。送信を取り消しますか?
キャンセル
送信取消

メッセージが削除される

Column 相手からはどう見える?

[送信取消] を実行すると、相手のトーク画面に通知が表示されます。取り消した内容は表示されませんが、取り消した事実は相手に伝わります。また通知画面などで取り消す前のメッセージを読まれている可能性がある点は、注意したほうがよいでしょう。

HINT 24時間が過ぎると [送信取消] が表示されなくなり、取り消せなくなります。

Q. 020 メッセージを削除するには?

A. メッセージを長押しして[削除]をタップしましょう

自分のトークルームを整理したいときは、不要なメッセージを削除できます。スタンプを連打してしまったときなど、見にくくなった画面を整理します。

メッセージの削除

1 削除したいメッセージを長押し

2 [削除]をタップ

3 ほかに削除したいメッセージがあればチェックを入れる

4 [削除]をタップ

5 [削除]をタップ

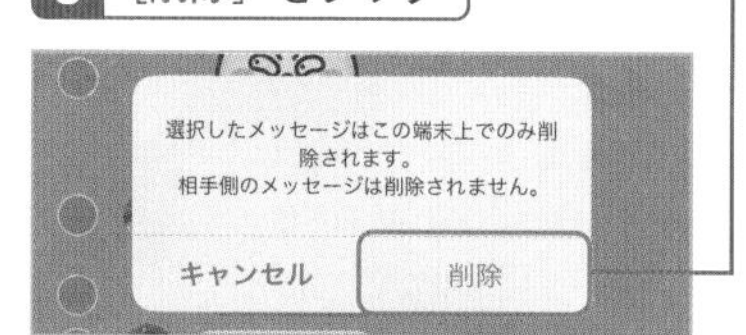

メッセージが削除される

Check 「送信取消」とのちがい

メッセージは自分のトークルームでのみ削除されます。相手の画面からもメッセージを削除したいときは、[送信取消]を使います(P.067)。

 HINT 複数のメッセージを選択すればまとめて削除できます。

トーク内で大事なメッセージを目立たせるには?

A. 「アナウンス」を設定すると参加者全員の目に入るようになります

「アナウンス」を使うと、選んだメッセージを画面上部にピン留めできます。大事なメッセージが流れてしまうのを防ぐ便利な機能です。

» アナウンスの利用

☐アナウンスを設定する

1 アナウンスに設定したいメッセージを長押しする

2 ［アナウンス］をタップ

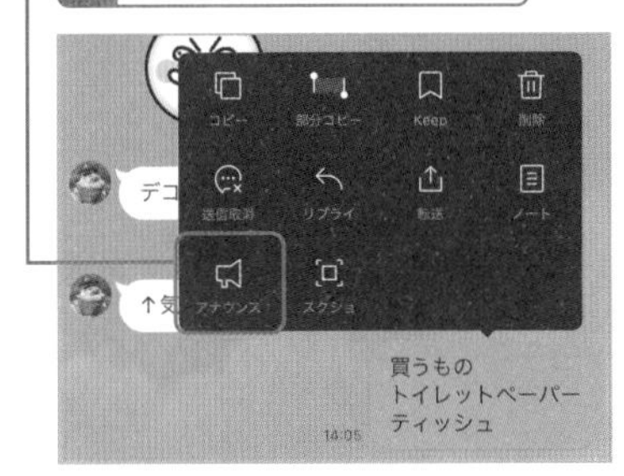

選択したメッセージが画面上部に固定される

Check アナウンスの登録数

アナウンスは最大5つまで登録できます。

☐アナウンスを削除する

1 アナウンスの端にある［∨］をタップ

2 アナウンスを左にスワイプ（Androidは長押し）

3 ［アナウンス解除］をタップ

HINT アナウンスをタップすると、該当のメッセージまで移動できます。

Q. 022 大量の写真をまとめて共有するには？

A. アルバムを使うとたくさんの写真をまとめて共有できます

写真を連続で投稿するとトーク画面が写真でいっぱいになってしまいます。会話のじゃまにならないように、「アルバム」を活用しましょう。

アルバムの使用

□アルバムを作成する

1 トークルームで☰をタップ

2 ［アルバム］をタップ

3 ［+］をタップ

4 写真を選択

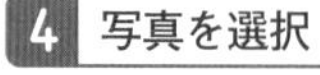

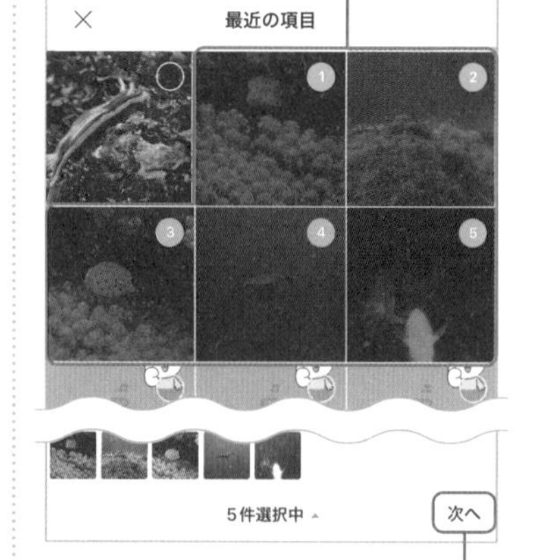

5 ［次へ］をタップ

HINT 写真は、トークごとに10万枚まで保存可能です。

6 任意でアルバム名を入力

7 ［作成］をタップ

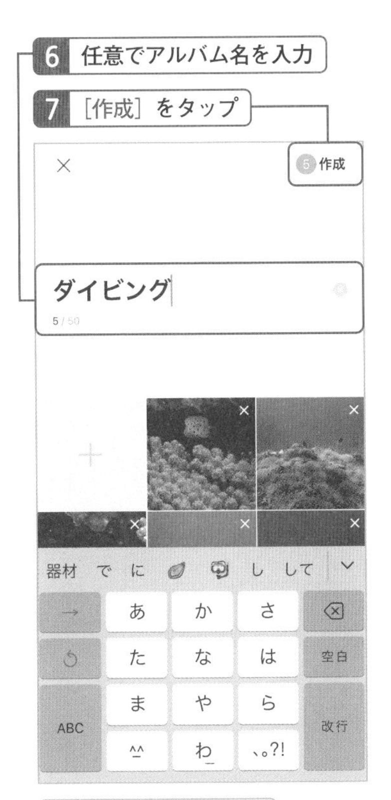

アルバムが作成される

8 ［×］（Androidは［<］）をタップ

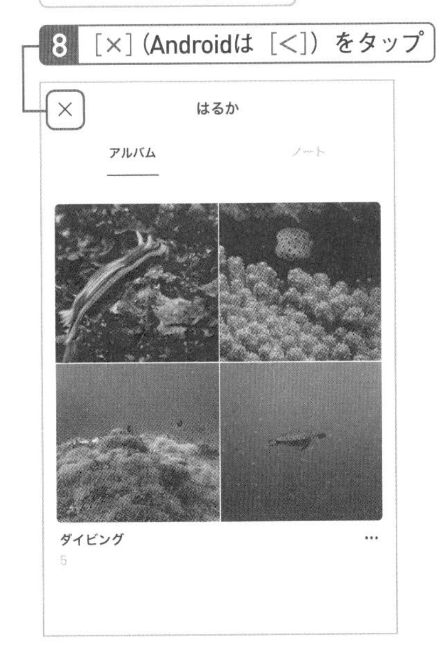

☐アルバムを表示する

アルバムを作成するとトークルームに通知され、通知をタップすることでアルバムを開くことができます。アルバムでは、新しい写真を追加したり、⋮をタップして写真を一括ダウンロードしたりできます。

1 通知をタップ

アルバムが表示される

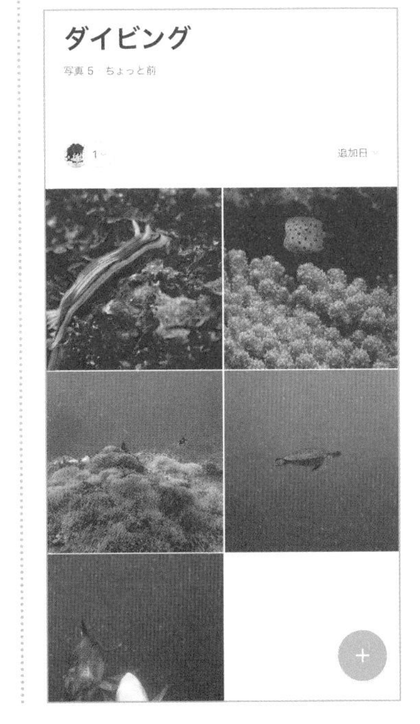

HINT アルバムの写真には保存期限がなく、削除しない限りいつでも閲覧できます。

Q.023 今いる場所や待ち合わせ場所を相手に知らせるには？

A. 位置情報を送信すれば地図上で確認できます

出先で合流するときなどは、今いる場所の位置情報を相手に送信しましょう。地図上で自分のいる場所を確認してもらえます。

位置情報の送信

1 トークルームで［+］をタップ

2 ［位置情報］をタップ

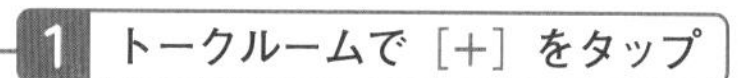

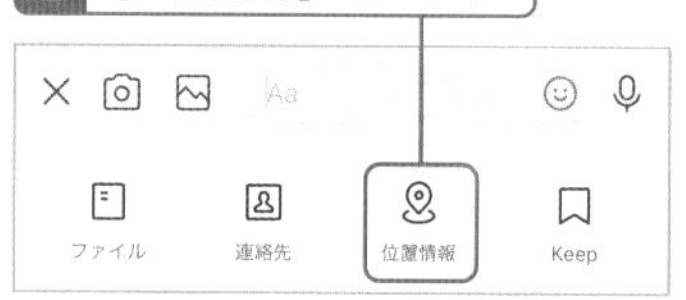

地図が表示される

3 画面をピンチ操作で大きくする

4 必要であれば赤いピンの位置を正確な位置までドラッグで調整する

5 ［送信］をタップ

相手に位置情報が送信される

HINT ３で何もせずに［送信］をタップすると現在の位置情報を伝えられます。

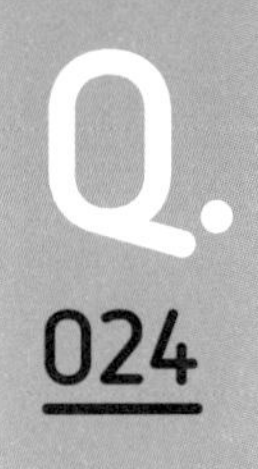

ボイスメッセージを送るには？

A. メッセージ入力欄横の🎙をタップして音声を録音します

ボイスメッセージでは話した音声がそのまま相手に送信されます。なんでもないメッセージでも、音声で送ればまた違った印象を与えることができるはずです。

» ボイスメッセージの使用

□ボイスメッセージを送る

1 メッセージ入力欄の横にある🎙をタップ

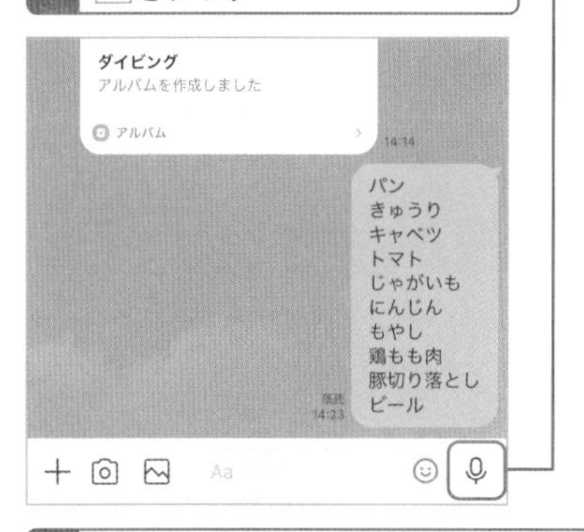

2 録音ボタンを長押しして録音を開始

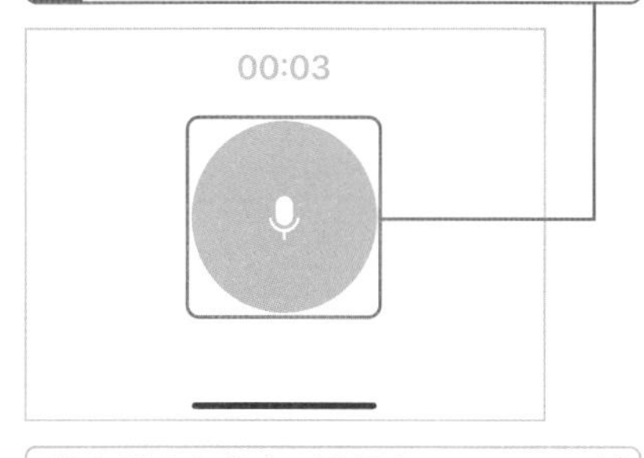

指を離すと録音が終了し、メッセージが自動で送信される

Check ボイスメッセージの再生

▶をタップするとボイスメッセージが再生されます。

Column 録音をキャンセルする

音声の録音を途中でキャンセルしたいときは、録音中に長押ししている指を横にスライドします。すると、「指をはなすとキャンセルされます」と表示されるので、この状態で指を離せばキャンセルできます。

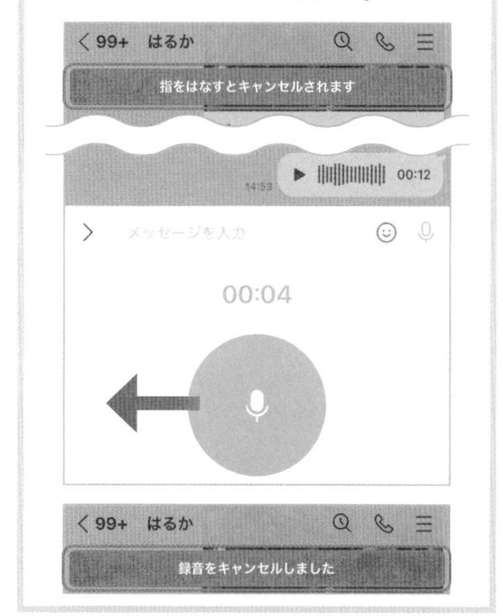

HINT 音声は最長で30分録音できます。

□ボイスメッセージを保存する

ボイスメッセージを保存しておけばいつでも聞き返すことができます。保存先には「Keep」が手軽でおすすめです（ただし50MBを超えると「Keep」の保存期間が30日に制限されます）。

1 ボイスメッセージを長押しする

2 ［Keep］をタップ

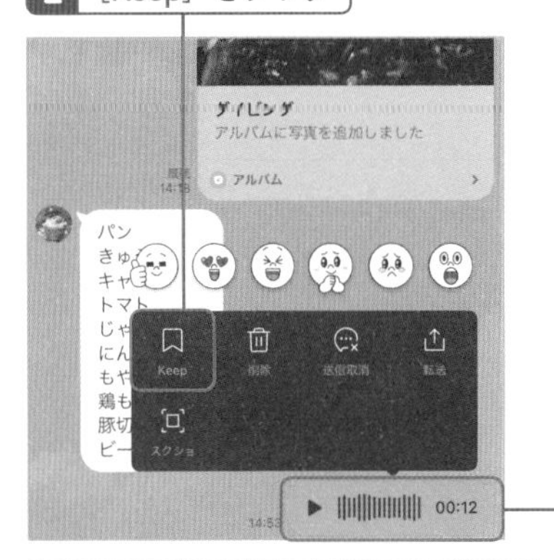

3 ［保存］（Androidは［Keep］）をタップ

Column 音声入力を使い分ける

キーボードにはもう1つのマイクアイコンがあります。今回紹介しているボイスメッセージではなく、音声入力でテキストメッセージを作成したいときは、キーボードの下の段にあるマイクアイコンをタップします。マイクに向かって話した内容をテキストに変換して入力する機能です。

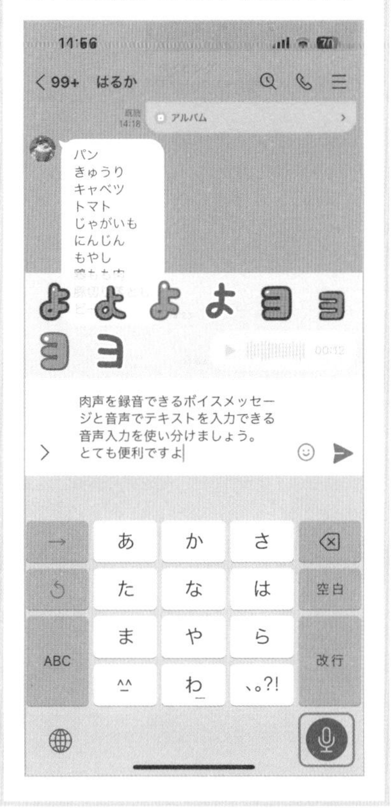

HINT Keepに保存したアイテムは、さらに別の保存先へ転送することもできます。

025

トークを検索して過去のトーク内容を探すには？

A. さまざまな検索機能を使って会話の内容を検索できます

「この前LINEしたでしょ」などと言われないように、トークの検索方法を覚えておきましょう。キーワードやカレンダーで過去の会話にアクセスできます。

» トークの検索

□キーワードで検索する

1 トークルームで🔍をタップ

検索ボックスが表示される

2 キーワードを入力

3 候補をタップ

該当のメッセージが表示される

□カレンダーで検索する

1 で🔍をタップしたあとにキーボードの上の📅アイコンをタップすると、日付からトークを遡れます。LINEをやりとりした日付がカレンダーに表示されるので、閲覧したい日付をタップします。

HINT　大事なメッセージはKeepなどに保存しておいてもよいでしょう。

□すべてのトークルームを検索する

1 [ホーム]（または [トーク]）をタップ

2 検索ボックスをタップ（表示されないときは画面を下にスライド）

3 キーワードを入力

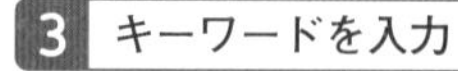

候補のトーク履歴が表示される。該当の候補をタップするとメッセージが表示される

HINT 検索ボックスからは友だちやスタンプ、公式アカウントなども検索できます。

トークのスクリーンショットを撮るには？

A.「スクショ」機能を使って撮影できます

長文のやりとりも切り取れるのはもちろん、トーク相手のアイコンや名前を隠して「匿名」にしたり、「落書き」機能で絵を書いたりすることも可能です。

トークをスクショする

1 スクリーンショットを撮りたいメッセージを長押しする

2 ［スクショ］をタップ

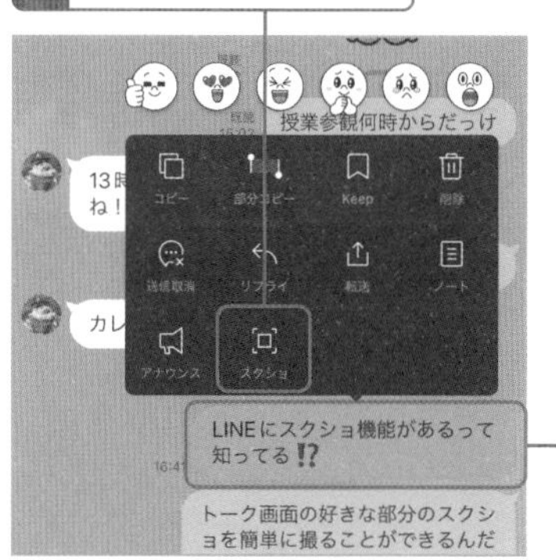

3 撮影したい範囲をタップ

4 ［スクショ］をタップ

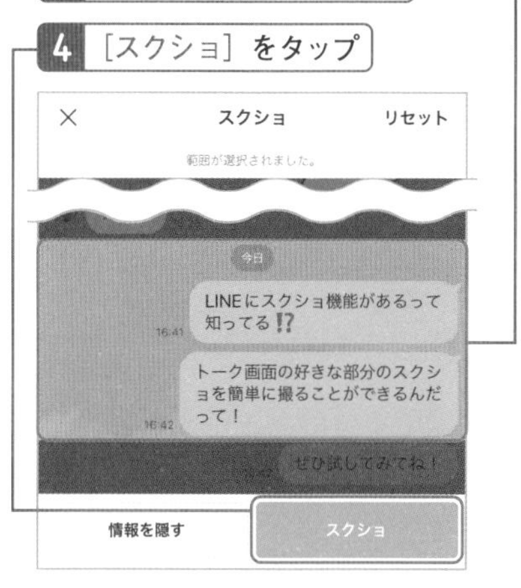

5 ⬇をタップして画像を保存する

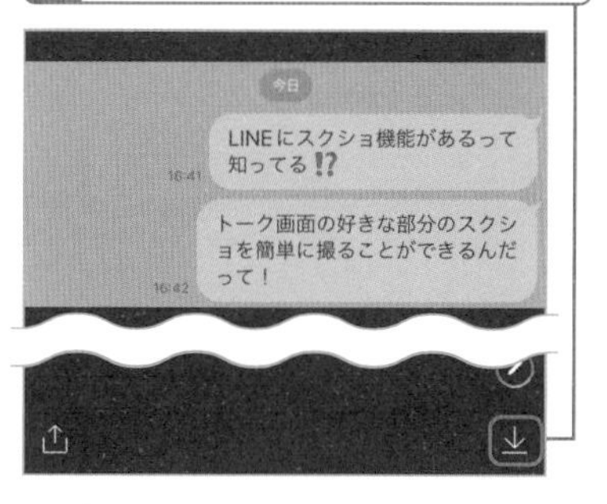

Column 名前とアイコンを隠す

2で［情報を隠す］をタップすると、相手の名前とアイコンを隠して撮影できます。

HINT ［情報を表示］をタップすると、名前とアイコンを元に戻せます。

Q.027 無料通話が利用できるって本当？

A. 通話料金のかからない無料通話を楽しめます

LINEの音声通話を使うと、友だち同士で無料通話が楽しめます。通話料金がかからないので、普段の電話代わりにぴったりです。

音声通話の利用

□ 音声通話を開始する

1 ［ホーム］をタップ

2 ［友だち］をタップ

3 通話したい友だちをタップ

4 ［音声通話］をタップ

相手が応答するまで待つ

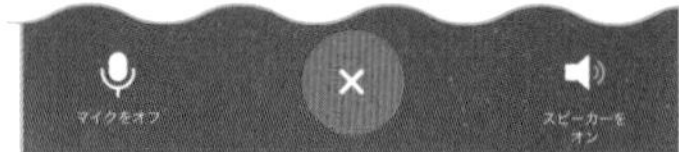

Check 発信のキャンセル方法

応答がない場合、×ボタンをタップしてキャンセルできます。

HINT 通話料金（電話料金）は無料ですが、データ通信料金はかかります。

通話が始まると、通話時間がカウントされる

5 ボタンをタップして通話を終える

Column トークルームから通話を発信する

トークルーム上部の アイコンをタップしても、無料通話を発信できます。トーク中に直接通話したいときなどに便利です。

Column 通話中にできること

通話中は以下の3つのアイコンが表示されます。左のマイクのアイコンをタップすると、こちらからの音声がミュートされます。離席するときなど保留機能として使えます。中央のビデオカメラのアイコンは、ビデオ通話を開始します。右端のアイコンはスピーカーです。スピーカーから音声が流れるので、机に置いて通話したいときなどに便利です。

□音声通話に応答する

着信があると、下のような着信画面に切り替わる（LINEオーディオと表示されている）

1 ［スライドで応答］をスライドする（または［応答］をタップ）

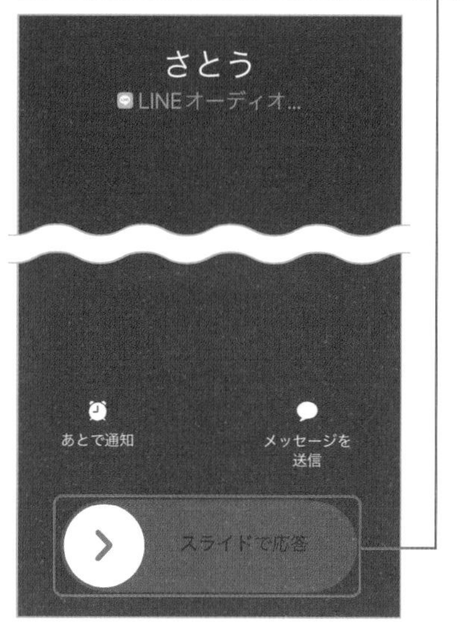

HINT ビデオ通話の使い方は、P.081を参照してください。

通話画面に切り替わる

2 通話を終了させたい場合は ボタンをタップ

Column 応答できないときはひとまず着信音を無音にする

電車など公共の場で応答できないときは、ひとまず着信音を無音にしましょう。大小いずれかの音量調節ボタンを押すと着信音が無音になります。着信自体は続いているため、相手のスマートフォン上ではこちらからの応答がない状態が続きます。なお着信があると、［拒否］ボタンがタップできます。［拒否］をタップすると着信が終了しますが、相手の画面には「応答なし」と表示される点が無音にする場合と異なります。

着信を突然切ってしまうのは失礼な相手の場合は［拒否］ではなく着信音を無音にするとよいでしょう。

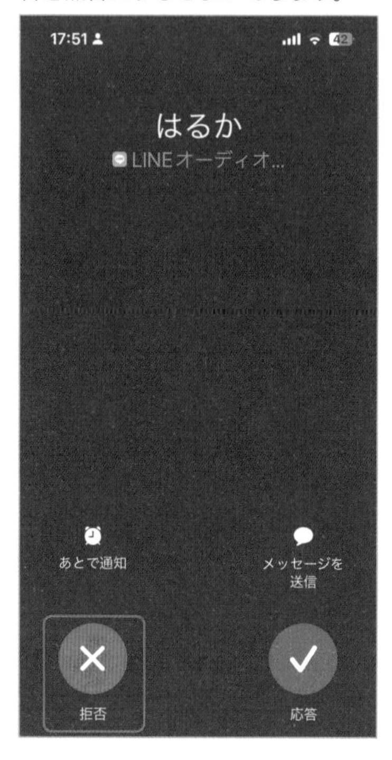

Column 履歴から電話をかける

iPhoneでは「電話」アプリの履歴にLINEの音声通話やビデオ通話の履歴が表示されます。ここをタップして通話を発信することもできます。

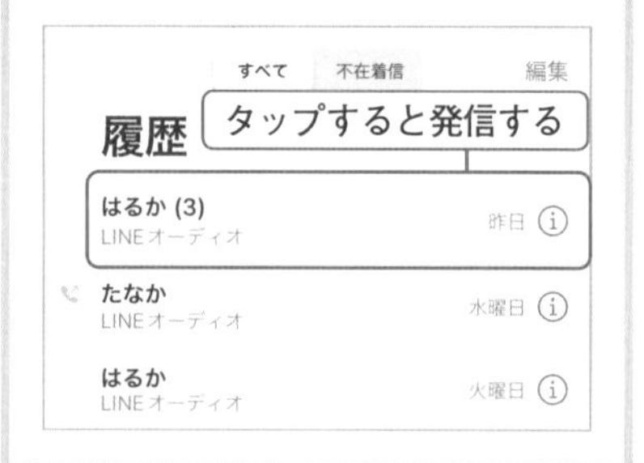

HINT Androidの場合は、応答ボタンをタップまたはスライドして応答します。

無料のビデオ通話を利用するには？

A. 相手のプロフィール画面から［ビデオ通話］をタップして開始します

スマートフォンのカメラを使って通話するのがビデオ通話です。音声通話と同様、LINEなら何時間でも無料で通話できます。

≫ ビデオ通話を利用する

1 ［ホーム］をタップ

2 ［友だち］をタップ

3 通話したい友だちをタップ

4 ［ビデオ通話］をタップ

5 ［開始］をタップ

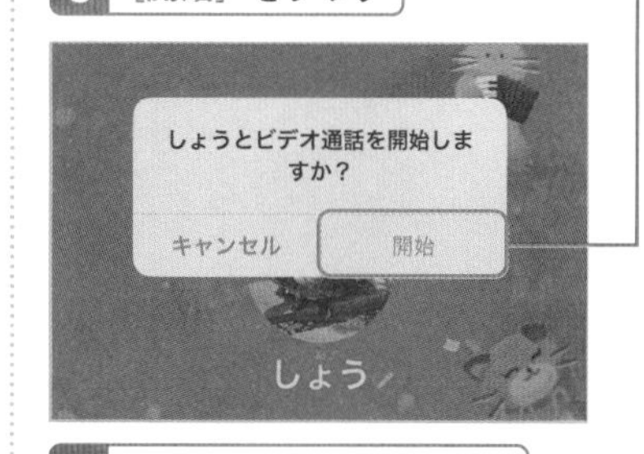

6 相手が応答するまで待つ

HINT　トークルーム上部の📞からもビデオ通話を発信することができます。

Check 発信をキャンセルする

相手が応答しない場合は、ボタンをタップしてキャンセルできます。

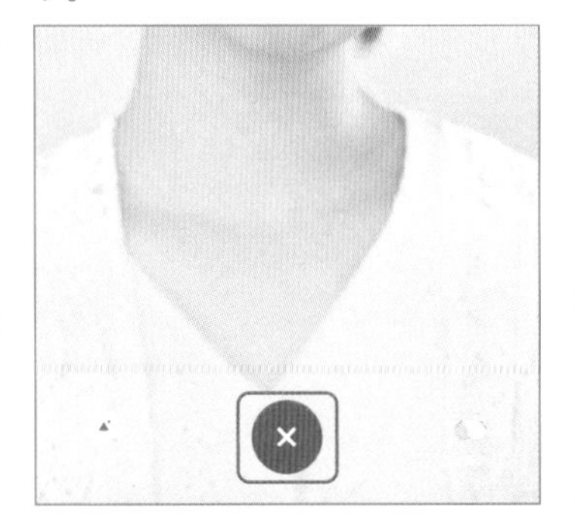

通話が始まると相手のカメラの映像が表示される

7 をタップして通話を終える

Column ビデオ通話中にできること

通話中は画面下部の各ボタンより、マイクやカメラのオン／オフを切り替えることができます。また［エフェクト］では、背景を差し替えたり、顔にメイクを加えたり、カメラの映像をさまざまに加工できます。

Check ビデオ通話に応答する

ビデオ通話がかかってきたときは、音声通話と同じように着信に応答します。iPhoneではロックを解除したタイミングによって、応答時にカメラがオフになっていることがあります。その場合、［ビデオ］をタップすればビデオ通話を開始できます。

［ビデオ］をタップ

HINT エフェクトではLINEのスタンプを送信することもできます。

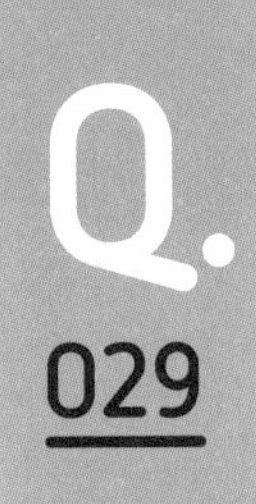

Q. 029 通話中にスマートフォンの画面を共有するには？

A. ビデオ通話中に［画面シェア］をタップします

ビデオ通話中に「画面シェア」を行うと、今見ているスマートフォンの画面を相手のLINEに映しながら通話できます。

» スマートフォンの画面を相手に共有する

□画面共有を開始する

ビデオ通話を開始しておく

1 ［画面シェア］をタップ

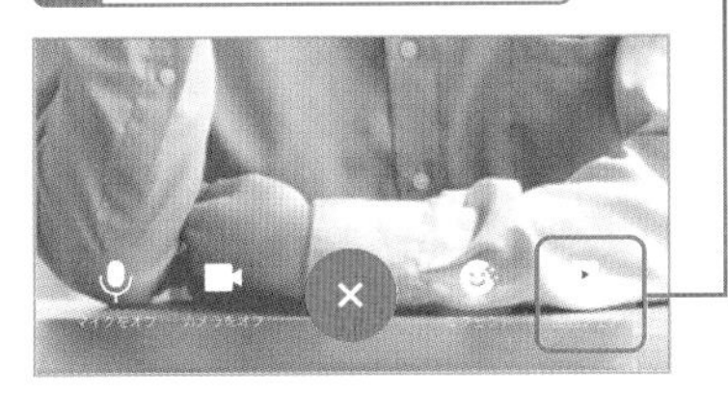

2 ［自分の画面］をタップ

3 ［ブロードキャストを開始］（Androidは［今すぐ開始］）をタップ

カウントダウンのあと、画面が共有されます。ホーム画面などに戻って見せたい画面を表示すれば、相手のスマートフォンに同じ映像が表示されます。

Column 共有された側はどう見える？

相手が画面シェアを開始すると、相手のカメラがオフになり、カメラの映像のかわりに相手のスマートフォンの画面が表示されます。

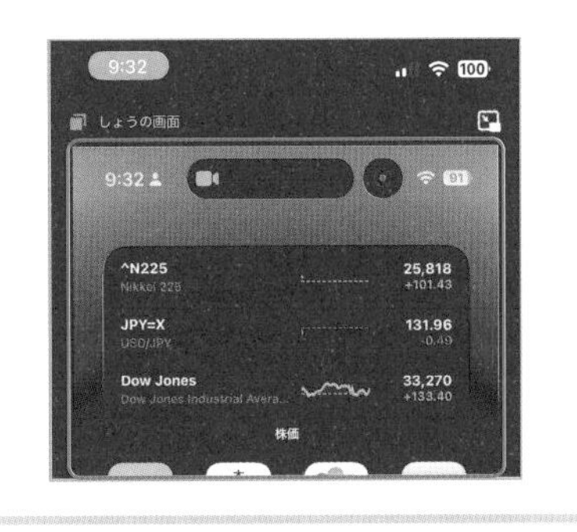

HINT 画面シェア中は、届いた通知などもすべて表示されるので注意が必要です。

Check Androidの場合

2のあとで「LINEにアクセス権限を許可してください」と表示された場合は、表示された先の画面で［LINE］を開いて、［他のアプリの上に重ねて表示］をオンにしてください。

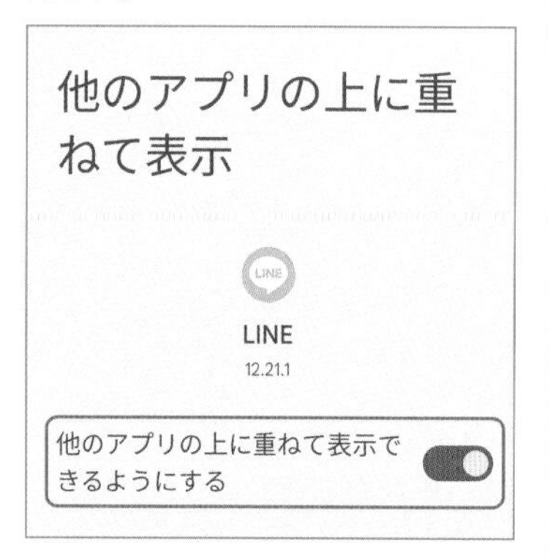

Check YouTubeの動画を共有する

2で［YouTube］を選ぶと、YouTubeの動画を共有できます。動画を検索し、再生を開始することで、画面の上部1/3のスペースにYouTubeの動画を再生しながら通話できます。

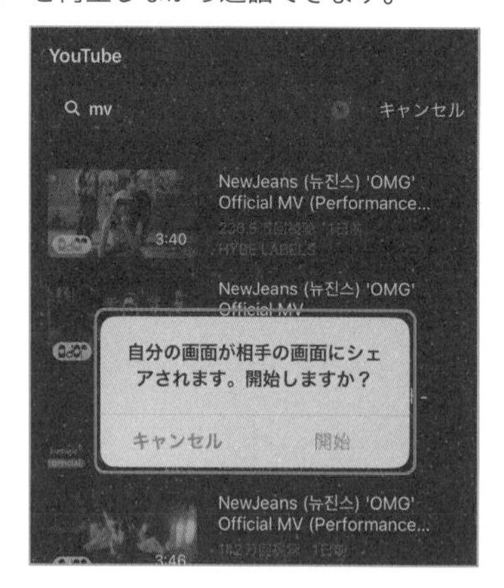

画面共有を終了する

LINEで画面共有中

1 LINEの通話画面に戻る

2 ［画面シェアを終了］（Androidは停止ボタン［■］）をタップ

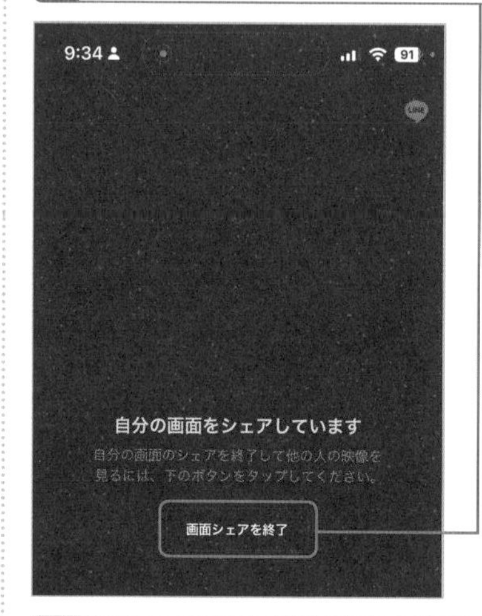

3 ［ブロードキャストを停止］をタップ

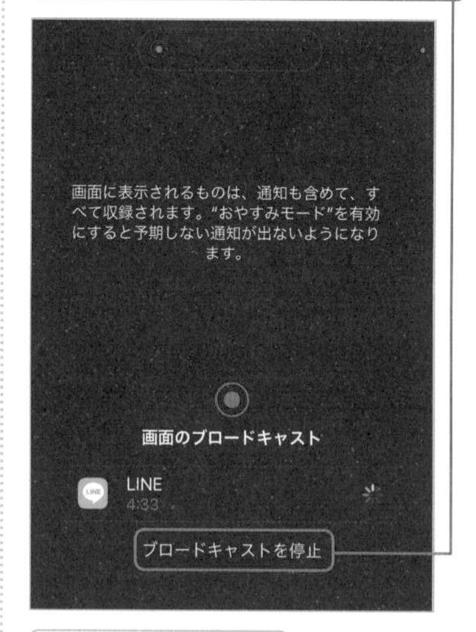

画面共有が終了する

HINT 共有中にスマートフォンを横向きにすればYouTubeの動画を大きく表示できます。

4章

スタンプで楽しもう

- 無料のスタンプを手に入れるには?
- 有効期間の過ぎたスタンプはどうしたらいい?
- 有料のスタンプを手に入れるには?
- 目的のスタンプを探すには?
- 頻繁に使うスタンプの順番を入れ替えるには?
- スタンプを再ダウンロードするには?
- スタンプをプレゼントするには?

Q. 030 無料のスタンプを手に入れるには？

A. スタンプショップの「無料」で手に入ります

スタンプショップでは有料のスタンプとは別に無料のスタンプも配布しています。条件を満たして、無料で使えるスタンプをゲットしましょう。

無料の期間限定スタンプの入手

1 ［ホーム］を開き［スタンプ］をタップ

2 ［無料］をタップ

3 欲しいスタンプをタップ

4 ［友だち追加して無料ダウンロード］をタップ

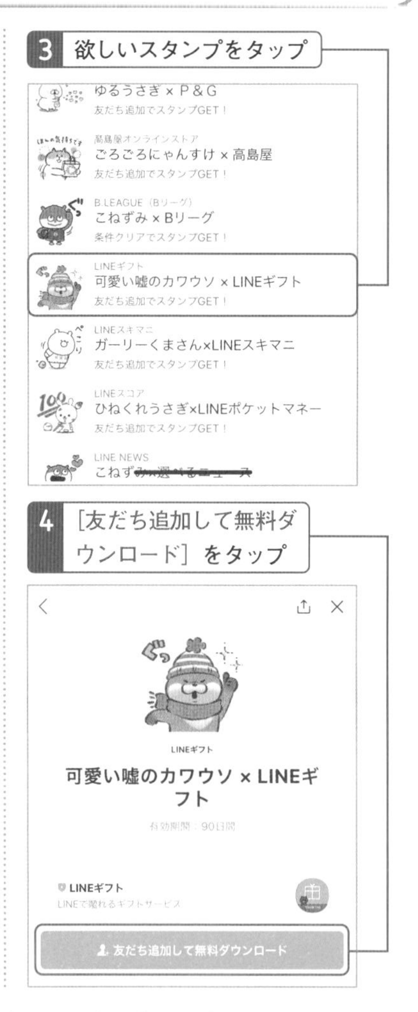

HINT 無料スタンプのほとんどは友だち追加で手に入れるものばかりです。

5 [OK] をタップ

スタンプが自動でダウンロードされる

6 [×] をタップ

ダウンロードしたスタンプがスタンプ選択タブの一番左に追加される

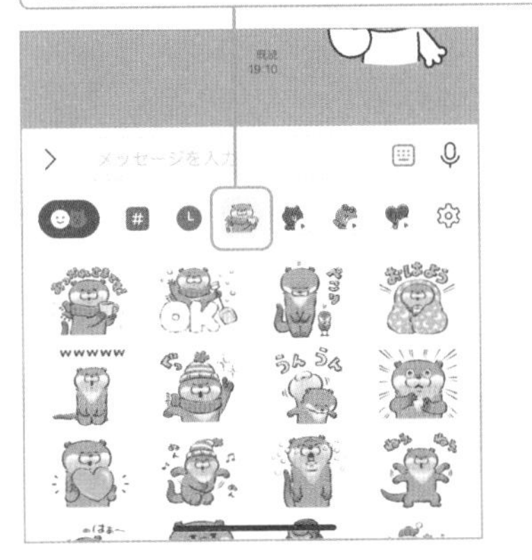

Check 条件の確認

入手条件はスタンプごとに異なります。「友だち追加して無料ダウンロード」のほかに、「条件をクリアして無料ダウンロード」といったものがあります。

Check 無料スタンプの有効期間

無料スタンプのほとんどは有効期間があります。たいていは入手してから90日間から180日間に設定されており、期間を過ぎると使えなくなります。

HINT 友だち追加するとメッセージが届きます。トークを非表示またはブロック（P.101）しても構いません。

基本 友だち トーク・通話 スタンプ プライバシー グループ VOOM さらに活用 非常時

Q.031 有効期間の過ぎたスタンプはどうしたらいい？

A. 使用できなくなったスタンプは削除しましょう

有効期間の過ぎたスタンプは使用できません。残しておいても邪魔なだけなので、スタンプの一覧から削除してしまいましょう。

有効期間が終了したスタンプの削除

1 トークルームを開いて☺をタップ

2 有効期間が終了したスタンプ（⊖がついている）をタップ

3 ほかのスタンプに切り替える

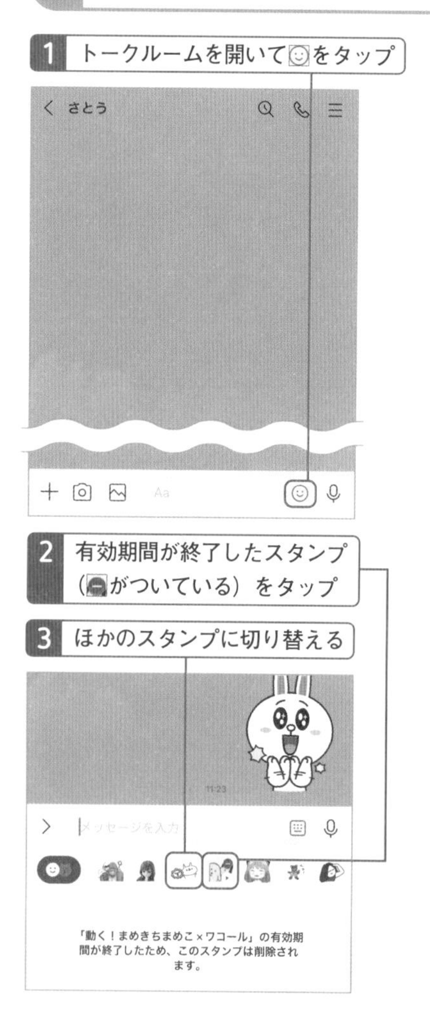

スタンプが削除された

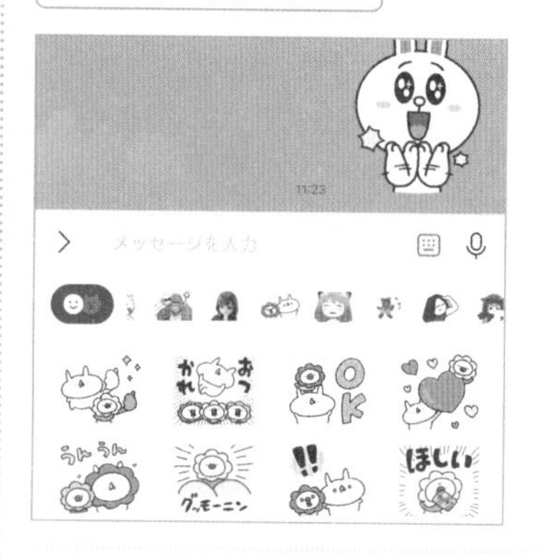

Check 期間終了間近のスタンプ

有効期間の終了まで残り数日のスタンプには、⊖が表示されます。

HINT　スタンプの有効期限はスタンプ選択タブにある⚙→「マイスタンプ」で確認できます。

有料のスタンプを手に入れるには？

A. スタンプショップでスタンプを購入します

スタンプショップでは、個性的なさまざまなスタンプを購入できます。気に入ったスタンプがあれば購入して、トークで使用してみましょう。

》有料スタンプの購入

1 ［ホーム］を開き［スタンプ］をタップ

スタンプショップが表示される

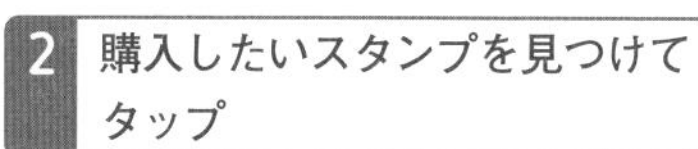

2 購入したいスタンプを見つけてタップ

3 ［購入する］をタップ

コインが不足していると、下の画面が表示される。不足していなければ8へ

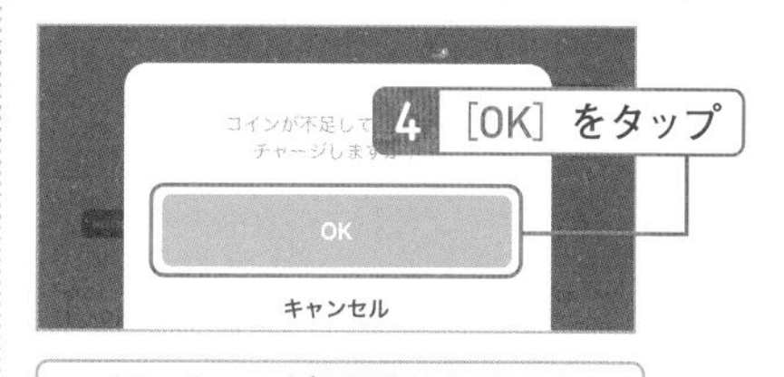

4 ［OK］をタップ

コインチャージ画面が表示される

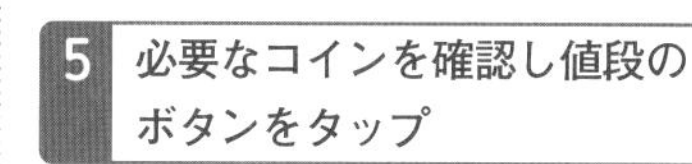

5 必要なコインを確認し値段のボタンをタップ

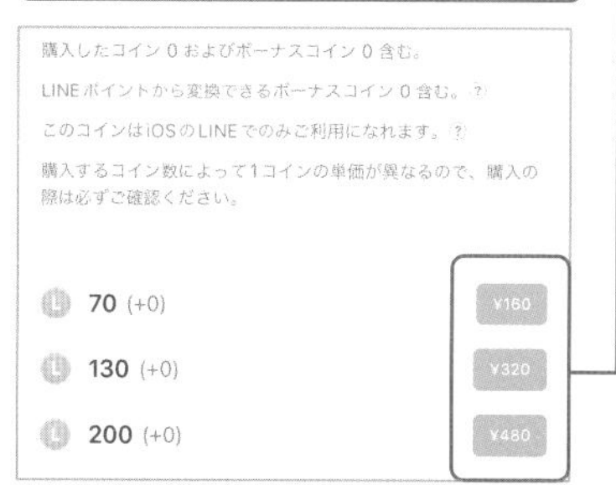

HINT　LINEコインは絵文字や着せかえの購入にも使用できます。

6 支払いを行う（支払い方法は端末による）

7 ［OK］をタップ

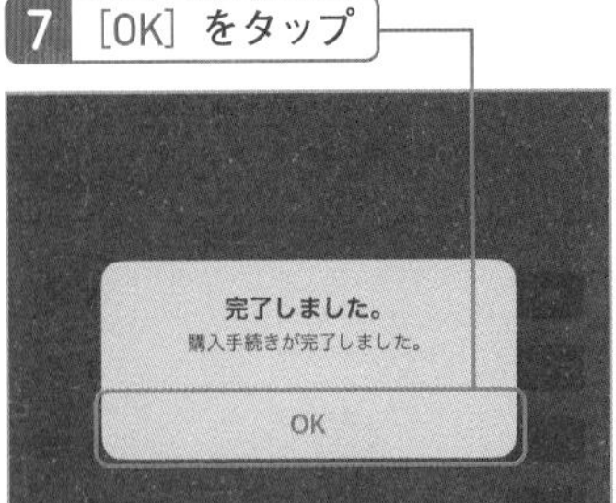

8 ［OK］をタップ

9 ［OK］をタップ

スタンプが使えるようになる

Column スタンプが使い放題

サブスクリプションサービスの「LINEスタンプ プレミアム」に登録すると、対象のスタンプ1000万種類以上が使い放題になります。料金はベーシックコースが月額240円で、一定期間無料で体験することも可能です。

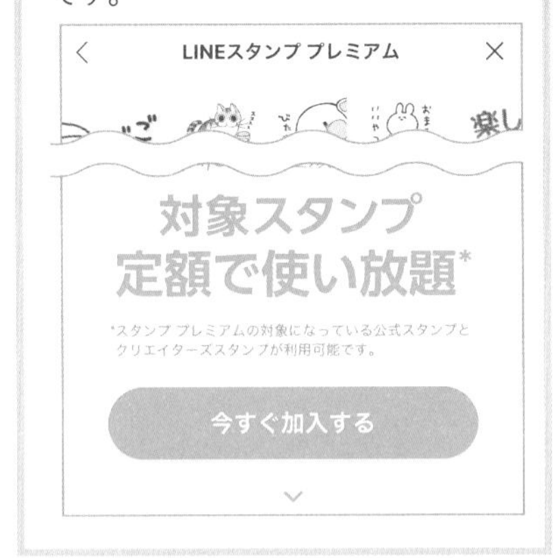

 HINT サウンドやアニメーションの付いたスタンプもあります。

目的のスタンプを探すには？

A. ランキングやカテゴリー、検索を利用しましょう

スタンプショップには、ランキングやカテゴリーも用意されています。これらを活用することで、人気のスタンプや好みのスタンプが見つけやすくなります。

目的のスタンプの探し方

人気のスタンプを表示する

P.086を参考にスタンプショップを開く

1 ［人気］をタップ

ランキングが表示される

2 をタップ

3 ここでは［月間］をタップ

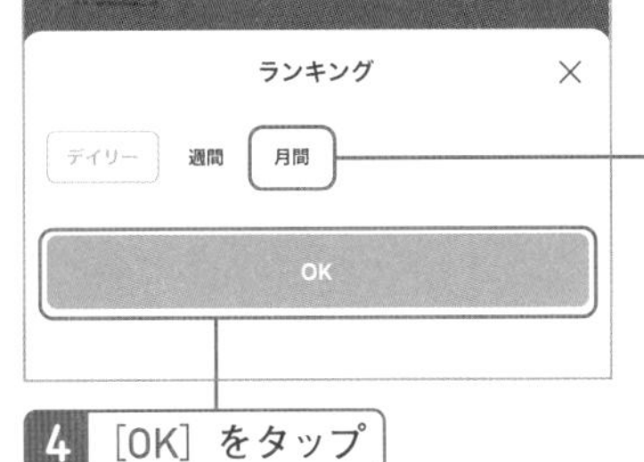

4 ［OK］をタップ

ランキングが月間に切り替わる

HINT スタンプショップでは「絵文字」を購入することも可能です。

□カテゴリーからスタンプを探す

P.086を参考にスタンプショップを開く

カテゴリー一覧が表示される

2 好みのカテゴリーをタップ

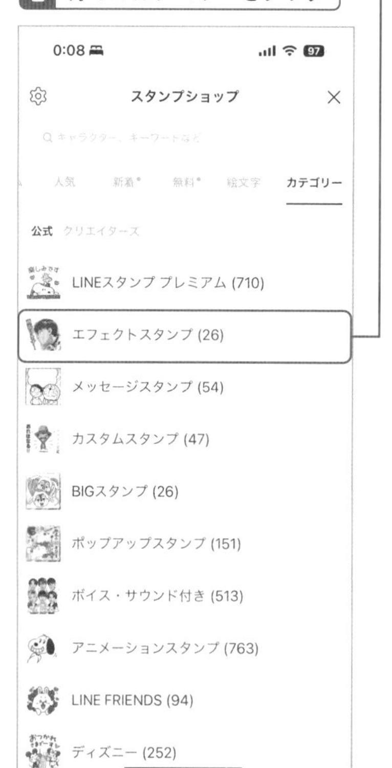

選んだカテゴリーのスタンプが人気順に表示される

Column スタンプの種類

スタンプには、静止画のスタンプのほかに、アニメーションスタンプ（▶）やボイス・サウンド付き（🔊）、ポップアップスタンプ（＋）などがあり、右下のマークで見分けることができます。それぞれどのような動きや音がするスタンプか知りたいときは、スタンプの詳細画面でスタンプをタップするとプレビューを表示できます。

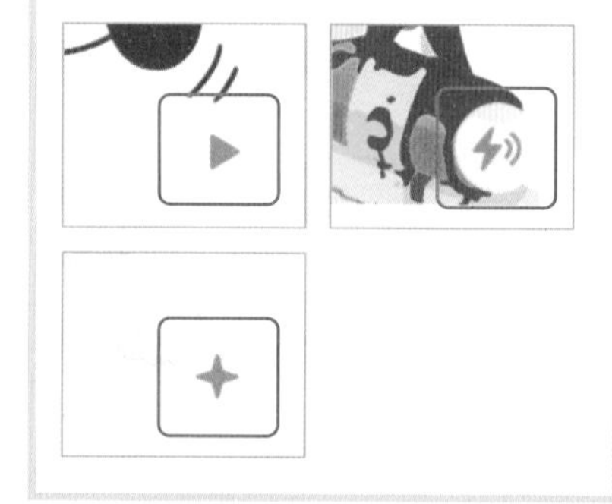

HINT　トークで送られてきたスタンプをタップして、スタンプストアの購入画面を表示するという方法もあります。

□スタンプをキーワードから検索する

P.086を参考にスタンプショップを開く

1 一番上にある検索ボックス（Androidは検索マーク）をタップ

2 検索したいキーワードを入力

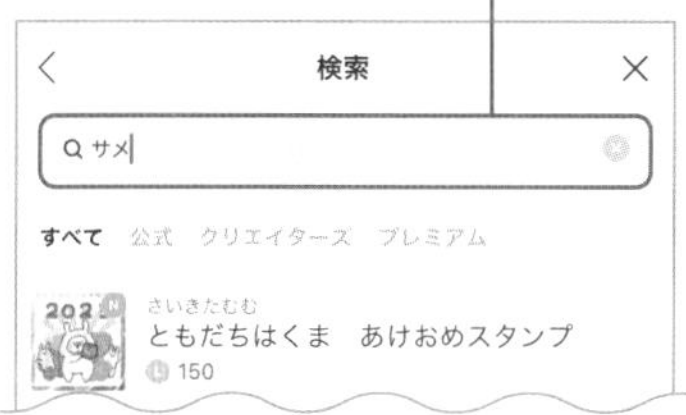

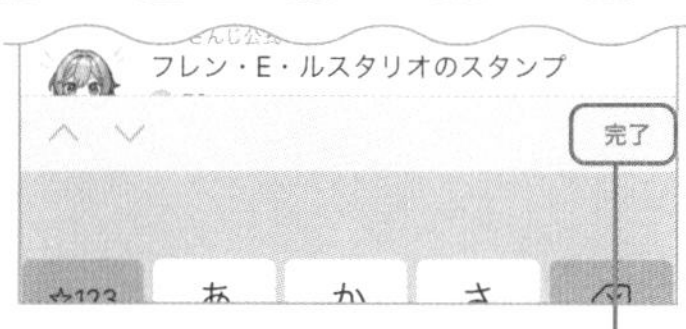

3 ［完了］をタップ

指定したキーワードを含んだスタンプ一覧が表示される。さらに、ここでは「クリエイターズ」スタンプを購入してみる。「公式」スタンプがよければ［公式］をタップし、購入したいスタンプをタップして購入に進む

4 ［クリエイターズ］をタップ

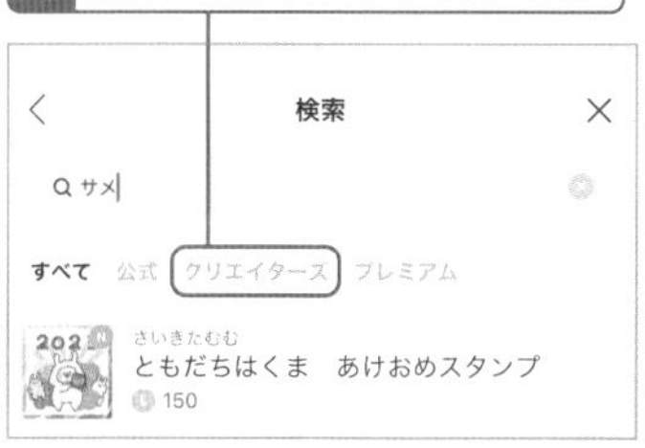

クリエイターズスタンプの一覧が表示される

5 気に入ったスタンプをタップ

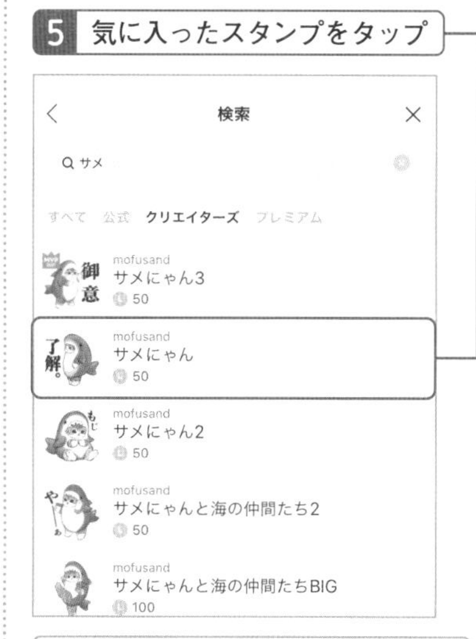

スタンプ情報が表示され購入できる

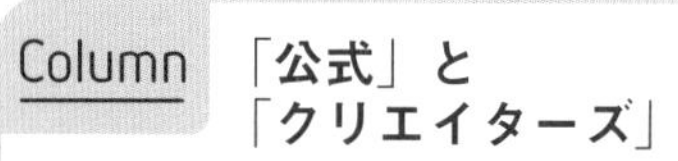

Column 「公式」と「クリエイターズ」

スタンプには「公式」と「クリエイターズ」の2種類があります。「公式」は企業が、「クリエイターズ」はユーザーが配布しているスタンプです。

HINT　検索ボックスではスタンプの名前やキーワード、作者、企業名などで検索できます。

Q.034 頻繁に使うスタンプの順番を入れ替えるには？

A. [マイスタンプ編集] で編集できます

スタンプは追加した順に表示されます。よく使うスタンプがあるときは、表示順を入れ替えることでさらに使いやすくなります。

スタンプの順番の入れ替え

1 [ホーム] をタップ

2 ⚙をタップ

3 [スタンプ] をタップ

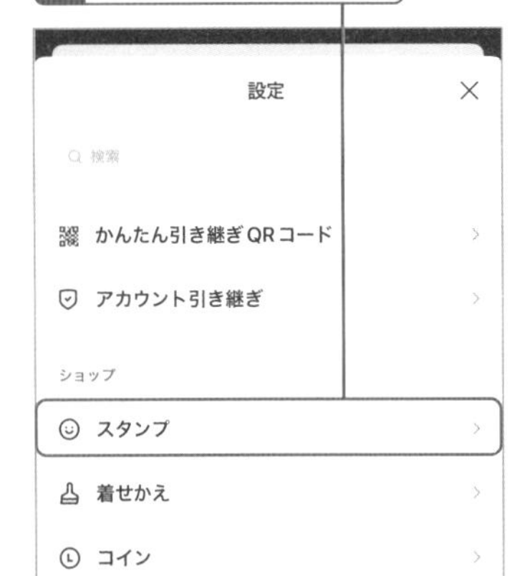

4 [マイスタンプ編集] をタップ

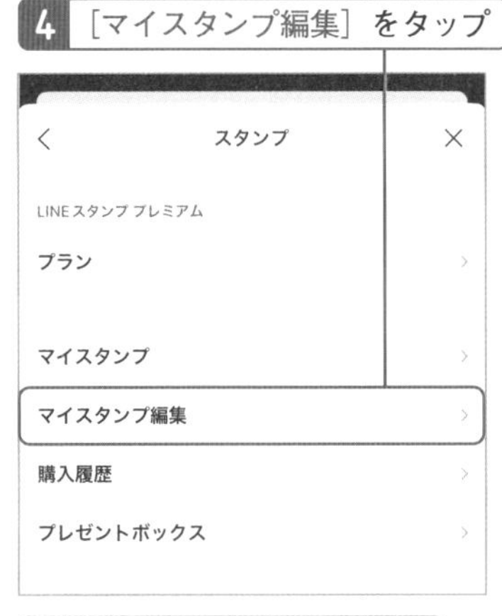

スタンプの一覧が表示される

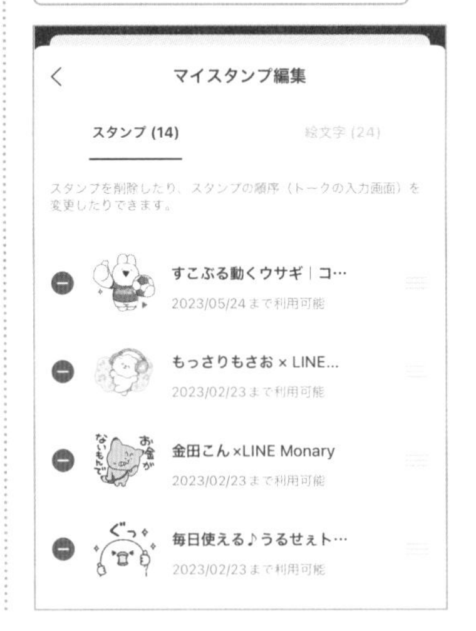

HINT [マイスタンプ編集] 画面での並びがスタンプの表示順になっています。

5 よく使うスタンプの右端の☰をドラッグし、上に移動する

6 指を離すと順番が入れ替わる

7 ［<］をタップして前の画面に戻る

トークルームでもスタンプの順番が入れ替わっている

Column ［マイスタンプ編集］では削除もできる

今回操作した画面［マイスタンプ編集］では、スタンプの削除もできます。スタンプ左横の⊖をタップして表示される［削除］から行いましょう。

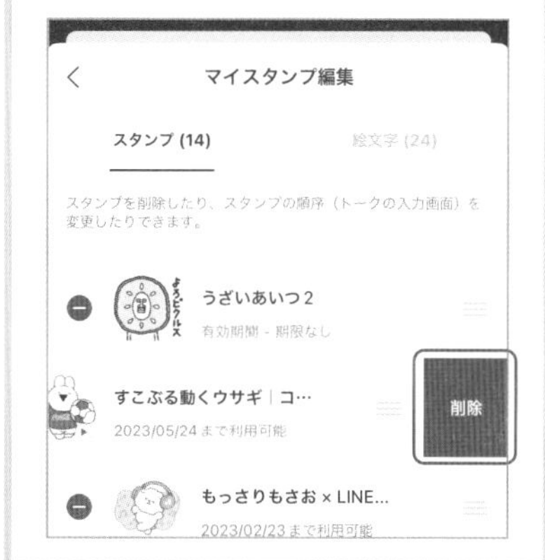

HINT ［マイスタンプ編集］ではスタンプの有効期間の確認も行えます。

Q.035 スタンプを再ダウンロードするには?

A. 過去に購入したスタンプは[マイスタンプ]画面で再ダウンロードできます

機種変更やLINEを再インストールした場合、購入したスタンプや有効期間の残っているスタンプを[マイスタンプ]画面で再ダウンロードします。

スタンプを再ダウンロード

1 [ホーム]を開いて⚙をタップ

2 [スタンプ]をタップ

3 [マイスタンプ]をタップ

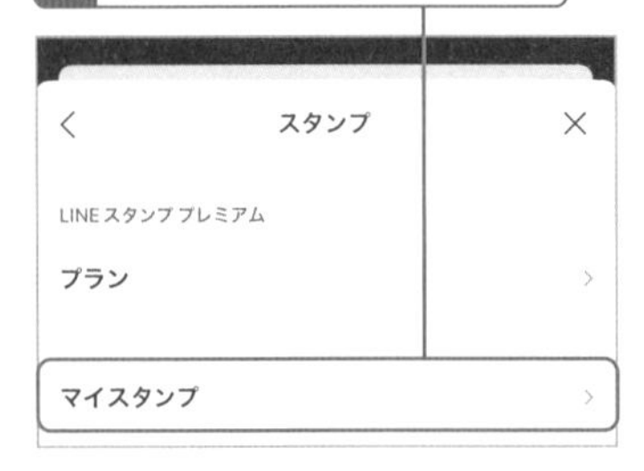

スタンプの一覧が表示される

4 再ダウンロードしたいスタンプの右端にある⤓ボタンをタップ(まとめてダウンロードしたいときは[すべてダウンロード]をタップ)

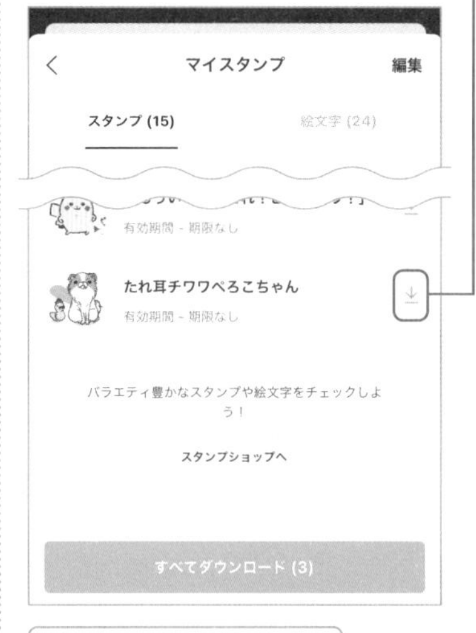

ダウンロードが完了する

5 [OK]をタップ

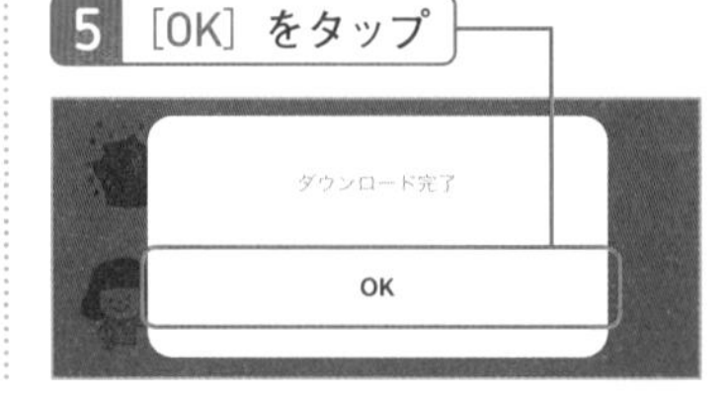

 HINT ダウンロード済みスタンプには⤓ボタンは表示されません。

スタンプをプレゼントするには？

A. スタンプショップから友だちにスタンプをプレゼントできます

お気に入りのスタンプを友だちにプレゼントしてみましょう。スタンプショップで購入できるスタンプや絵文字なら、どれでも相手に送ることができます。

スタンプのプレゼント

□スタンプをプレゼントする

P.089を参考にスタンプショップでプレゼントしたいスタンプを開く

1 ［プレゼントする］をタップ

ねこタイツのゆるいダジャレ 6

50 保有コイン：50

プレゼントする　購入する

友だちの一覧が表示される

2 プレゼントの相手を選択

3 ［OK］をタップ

4 ［OK］をタップ

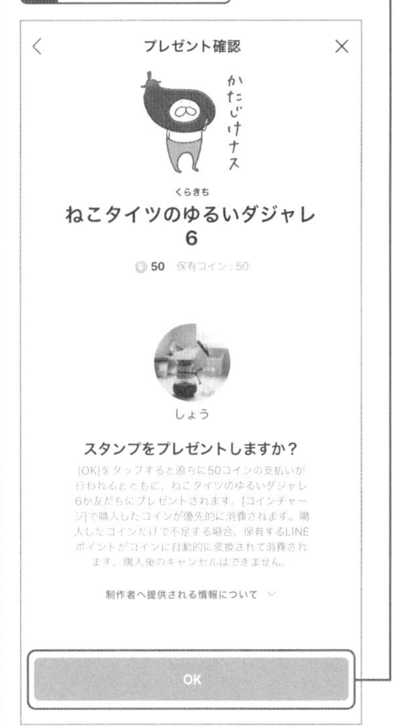

Check コイン不足と表示されたとき

コインが不足している場合はコインを購入し、スタンプの購入を完了します（P.089）。

HINT　複数の相手にスタンプをプレゼントすることもできます。

プレゼントが送られる

◻スタンプのプレゼントを受け取る

プレゼントのスタンプはトークルームで受け取れます。**[受け取る]** → **[ダウンロード]** → **[OK]** の順にタップして、スタンプをダウンロードします。

1 [受け取る] をタップ

2 [ダウンロード] をタップ

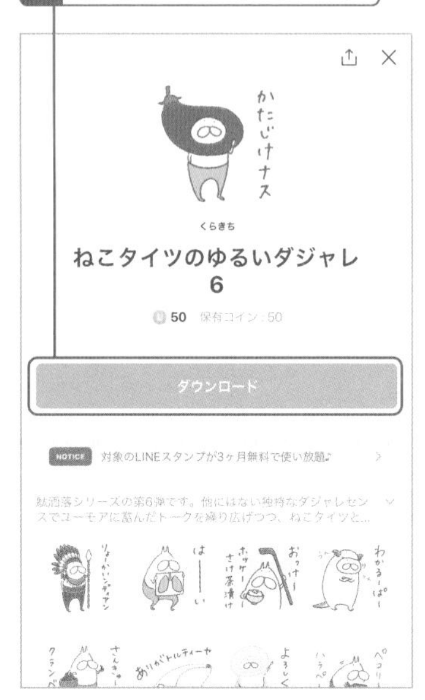

スタンプがダウンロードされる

3 [OK] をタップ

HINT 相手が同じスタンプを持っている場合はプレゼントできません。

5章

安心安全にLINEを利用しよう

- LINEでトラブルに巻き込まれないようにするには?
- 迷惑なメッセージが送られてくるときの
  ブロックや非表示の方法は?
- 怪しい相手からメッセージが届いたらどうしたらいい?
- 疎遠になった友だちを削除するには?
- 友だちにブロックされていないか確認するには?
- ブロックや非表示を解除するには?
- LINE IDで検索されないようにするには?
- 特定の人やグループからの通知をオフにするには?
- 知らない人からメッセージを受け取らないようにするには?
- 通知で表示されるメッセージを他人に
  見られないようにするには?
- 他人にLINEアプリを使わせないようにするには?
- 不正アクセスされている可能性がある場合はどうすればいい?
- 乗っ取り被害にあわないためには?

Q.037 LINEでトラブルに巻き込まれないようにするには？

A. 知らない相手とやりとりできないように対処しましょう

LINEは便利なツールですが、トラブルが発生することもあります。とくに知らない相手とやりとりするときは注意する必要があります。

LINEでのトラブル回避方法

□知らない相手や迷惑なメッセージをブロック

LINEはあらかじめ設定しておかないと、知らない相手とかんたんにつながることがあります。もし迷惑な相手が現れたり、メッセージが送られてきたら「ブロック」(P.101) や「通報」(P.103) をすることで、相手とのつながりを断ち切ることができます。親しい人とだけ交流できればよいなら、「IDによる友だち追加を許可」(P.110) や、「メッセージ受信拒否」(P.112) のオプションを利用しましょう。友だちでない人が自分を友だちに追加するのをやめさせることや、連絡をシャットアウトすることができます。

□情報の漏洩に注意する

LINE上での会話や投稿した自分の写真などを、友だちが、第三者が見られる場所などに勝手に投稿してしまい、自宅の住所などが漏れてしまったというトラブルもあります。普段から投稿する内容には気を付けましょう。また「パスコードロック」(P.114) をかけて自分以外の人がLINEを操作できないようにしたり、「ログイン許可」(P.117) をオフにして、パソコンやタブレットなどからアクセスできないようにしておいたり、プッシュ表示される通知の内容を非表示にしておく (P.113) といった操作も有効です。身近にいる人や悪意を持った第三者がLINEにアクセスするのを防げます。

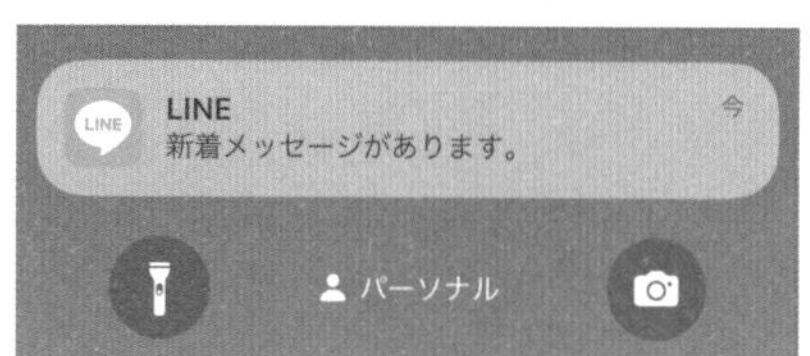

□子供に使わせるときの注意

LINEを使い始めるのが小学生からというケースも増えています。注意したいのは、年齢制限のあるコンテンツや有害コンテンツの表示を除くフィルタリング機能がLINEにはないということです。有害コンテンツへのリンクや画像が貼られていても、それを非表示にする術がありません。この点については、利用前によく相談をして使い方を決めるようにしてください。

HINT　プロフィールに個人情報を記載するのは避けましょう。

Q.038 迷惑なメッセージが送られてくるときのブロックや非表示の方法は？

A. 友だちリストから「ブロック」または「非表示」ができます

知らない相手から迷惑なメッセージが届くことがあれば、「ブロック」や「非表示」機能を使って、相手や相手からのメッセージを非表示にできます。

迷惑な人のブロックまたは非表示

□知らない相手や迷惑な人をブロック

友だちリストを表示する

1 ブロックまたは非表示にしたいユーザーを長押しする

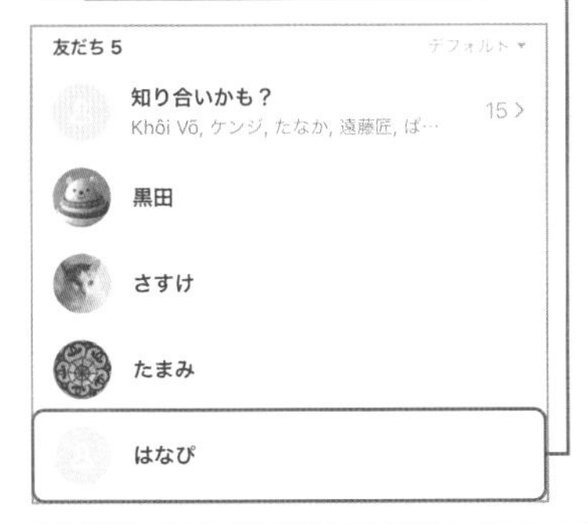

2 ［ブロック］（または［非表示］）をタップ

確認画面が表示される

3 ［ブロック］（または［非表示］）をタップ

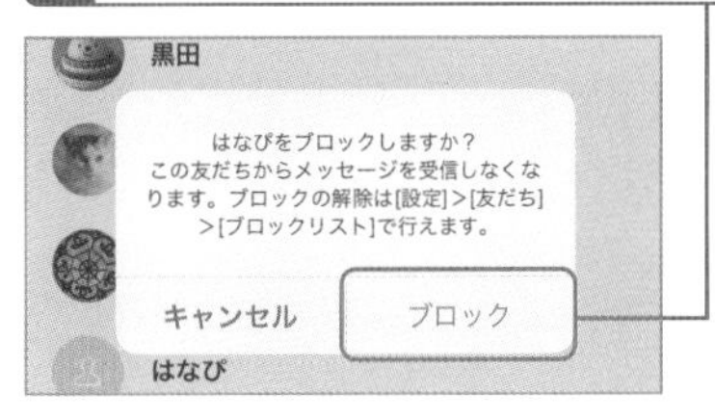

友だちリストから相手が見えなくなる

友だちリスト
検索
お気に入り　友だち　グループ　公式アカウント
友だち 4　デフォルト
知り合いかも？
Khôi Võ, ケンジ, たなか, nakashim...　15 >
黒田
さすけ
たまみ
はるか

HINT　友だちをブロック・非表示にしても相手に通知されません。

■ブロックと非表示の違い

「ブロック」と「非表示」はともに友だちリストから相手を見えなくしますが、大きな違いがあります。非表示は、友だちリストから名前を非表示にする機能です。相手がメッセージを送信してくればそのまま受信されます。友だちリストを整理する目的で、あまり交流がない相手を非表示にする使い方に向いています。
これに対してブロックは、相手からのメッセージや着信を遮断する機能です。相手をブロックすると、メッセージを送受信することができなくなります。迷惑なメッセージを送信してくる人や、もう二度とやりとりをしたくない相手に対して使うのがおすすめです。

Column 友だちではない相手をブロックする

グループのメンバーなど友だちでない相手をブロックしたいときは、トークルームで相手のアイコンをタップします。プロフィール画面の［ブロック］をタップして、相手をブロックできます。

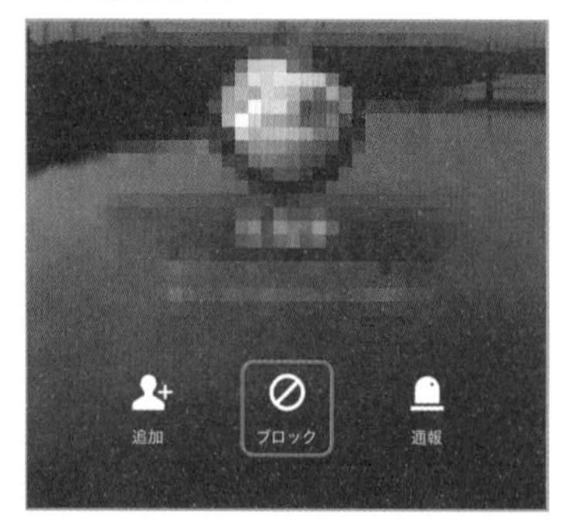

Column トークルームを非表示にする

長い間やりとりしていない人のトークルームがあるときは、トークルームを履歴の一覧から非表示にできます。iPhoneならトークルームを左にスワイプ、Androidは長押ししてから［非表示］ボタンをタップします。非表示にしたトークルームは、［設定］→［トーク］→［非表示リスト］から再表示できます。

［非表示リスト］画面ではトークルームの削除や再表示が行えます。

HINT 誰をブロック・非表示にしているかは［設定］から確認できます（P.108）。

怪しい相手からメッセージが届いたらどうしたらいい？

Q. 039

A. 「通報」機能を利用してLINE運営側に調査を依頼できます

いたずらメッセージやスパムなどがよく届くときは、相手を通報することで、LINE運営側に知らせます。通報をしたあとブロックすることもできます。

怪しい人の通報

トークルームから通報する

トークルームを開く

1 メッセージを長押しする

私は普段ダンスや旅行か好きで仕事はウェブデザイナーです。同じ興味を持つ人を探しています。仲良くなりたいので、私のLINEを追加してください。ありがとうございます。

2 ［通報］をタップ

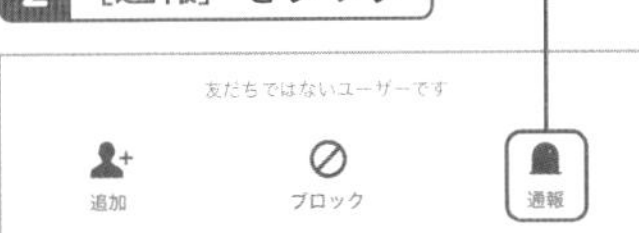

3 通報する理由を選ぶ

4 ［同意して送信］をタップ

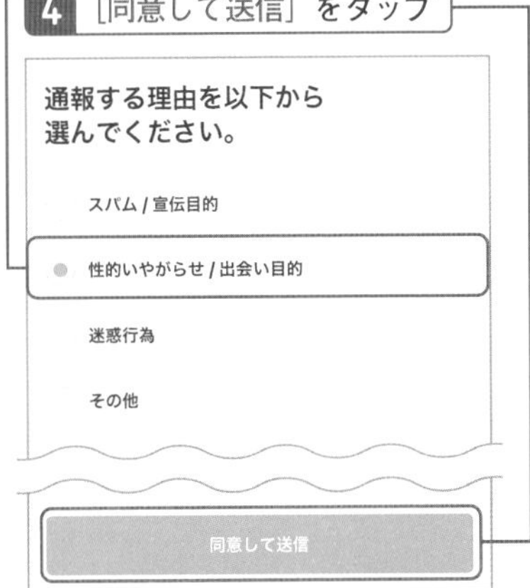

5 ［確認］をタップ

相手を通報した

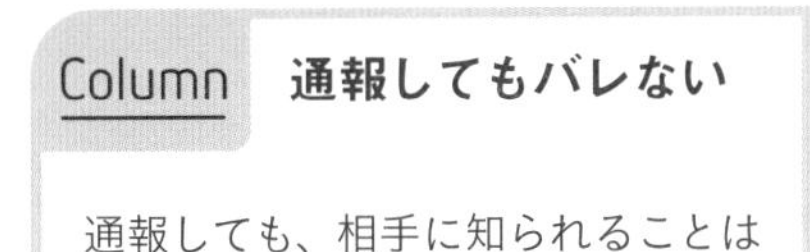

Column 通報してもバレない

通報しても、相手に知られることはないので安心しましょう。

「知り合いかも？」から通報する

「知り合いかも？」を開く

1 不審な相手をタップ（をタップしないように注意）

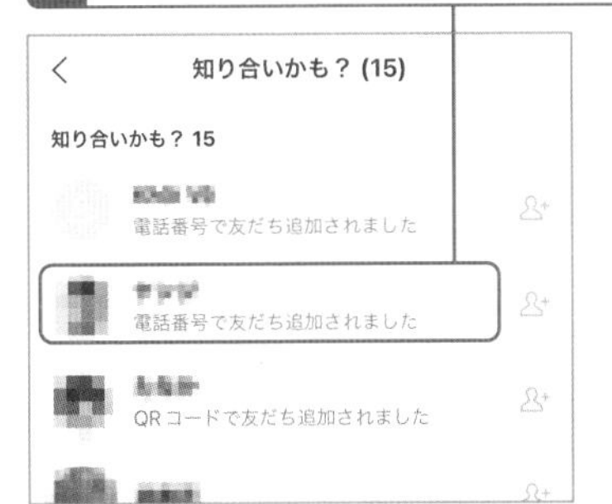

HINT 友だちに登録した相手を通報した場合は、その場でブロックすることもできます。

相手のプロフィール画面が表示される

2 ［通報］をタップ

通報する理由を選んで通報する

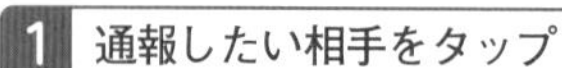

□友だちに追加されている不審者を通報する

友だちリストを表示する

1 通報したい相手をタップ

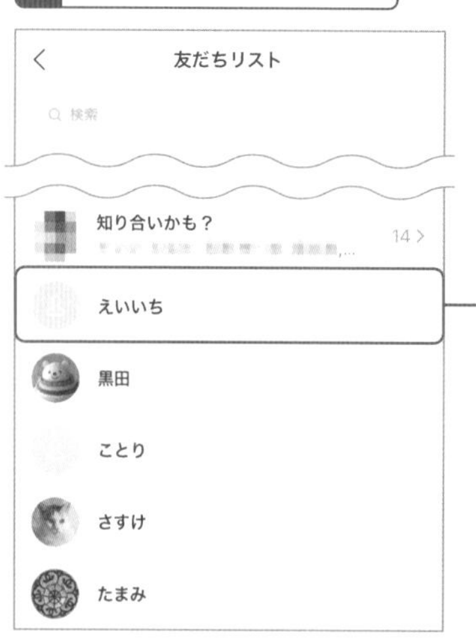

2 ［>］をタップ

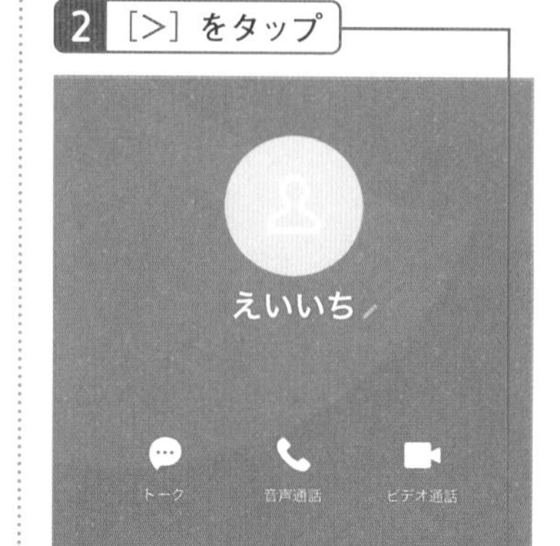

3 ⋮ をタップ

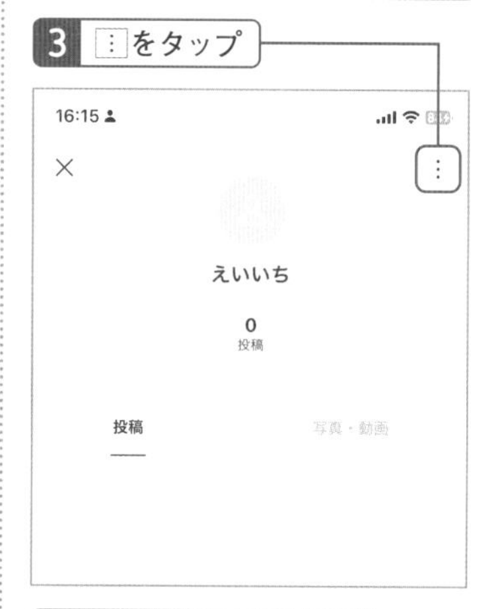

4 ［通報する］をタップ

通報する理由を選んで通報する

HINT　通報しても必ずしも相手アカウントが利用停止や削除されるわけではありません。

Q. 040

疎遠になった友だちを削除するには？

A. 友だちリストから削除できます

友だちは、友だちリストやブロック・非表示のリストから削除できます。友だちを削除しても、ブロックしていない限り、いつでも友だちに再追加できます。

友だちの削除

友だちリストから削除する

友だちリストを表示する

1 削除する相手を長押し

知り合いかも？ 14 >
黒田
ことり
さすけ
たまみ
はるか
東

2 ［削除］をタップ

3 ［削除］をタップ

相手がリストから削除される

検索
お気に入り 友だち グループ 公式アカウント
友だち 5 デフォルト
知り合いかも？ 14 >
黒田
ことり
さすけ
はるか

ブロック・非表示にした友だちを削除する

友だちをブロックすると、相手はブロックリストに残ります。完全に削除するにはブロックリストから削除することで、関係を解消できます。非表示にした場合も、ほとんど手順は同じです。

HINT　ブロック・非表示の方法はP.101を参照してください。

1 [ホーム] をタップ

2 ⚙をタップ

3 [友だち] をタップ

4 [ブロックリスト] (または[非表示リスト]) をタップ

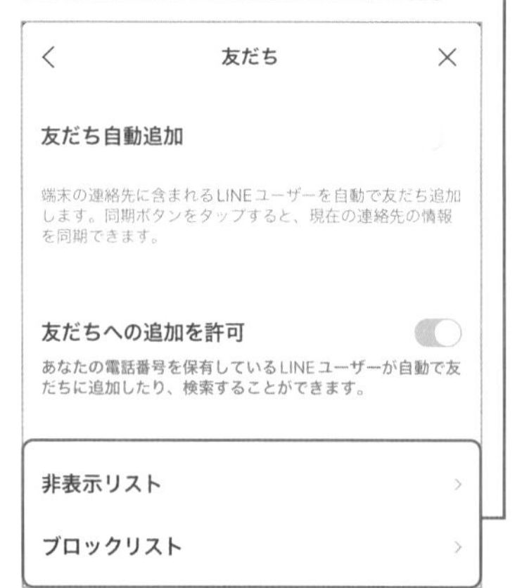

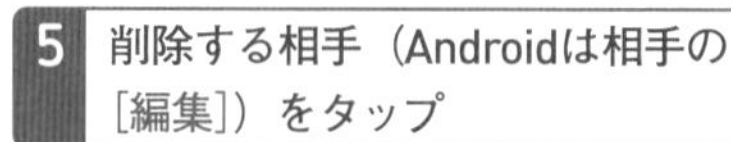

5 削除する相手 (Androidは相手の[編集]) をタップ

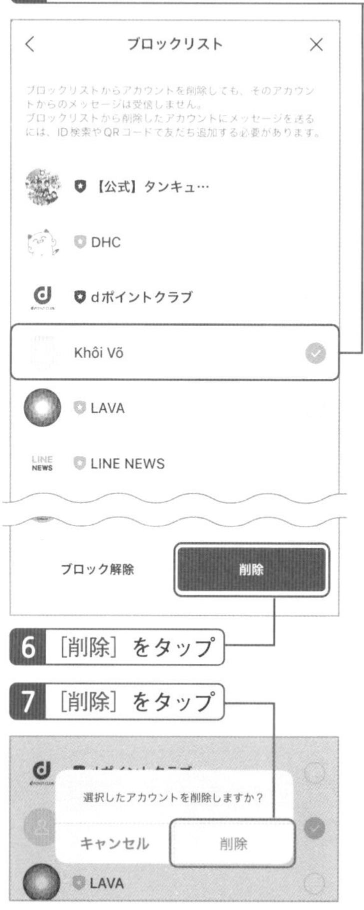

6 [削除] をタップ

7 [削除] をタップ

Column 友だちを削除すると通知されるの？

友だちを削除しても、相手に伝わることはありません。相手の友だちリストにはそのまま残ります。また、非表示の相手を削除しても、相手からのメッセージを受け取れますが、ブロックした相手を削除すると、ブロックを解除しない限り、相手からのメッセージは届きません。

HINT 友だちを「非表示」にした場合は、4で非表示リストを開いて削除します。

友だちにブロックされていないか確認するには？

A. 確実な確認はできませんが、状況から推測できます

確実にブロックされているかわかる方法はありませんが、ブロックされているかどうかを推測する方法を紹介します。

≫ ブロックされているかを推測する方法

□既読マークが付かない

相手にブロックされていると、こちらからメッセージを送信しても既読になりません。相手のトークルームにメッセージが届かないためです。相手と同じグループに参加しているなら、さらに確かめやすくなります。グループ内では自分の発言に相手の既読マークが付きます。グループでは、メンバー全員分の既読マークが付いているのに、1対1のトークでは既読がつかない場合、ブロックされている可能性が高いです。

□スタンプや着せかえをプレゼントできない

ブロックしている可能性がある友だちにスタンプをプレゼントしてみましょう（P.097）。「（相手）はすでにこのアイテムを持っているためプレゼントできません」と表示されれば、相手からブロックされている可能性があります。ただ、相手がスタンプを本当に持っている可能性もあります。この場合もプレゼントはできません。相手の好みに合わなそうなスタンプや、または着せかえをプレゼントしてもよいでしょう。実際に購入する必要はないので、何種類か試してみると確実です。

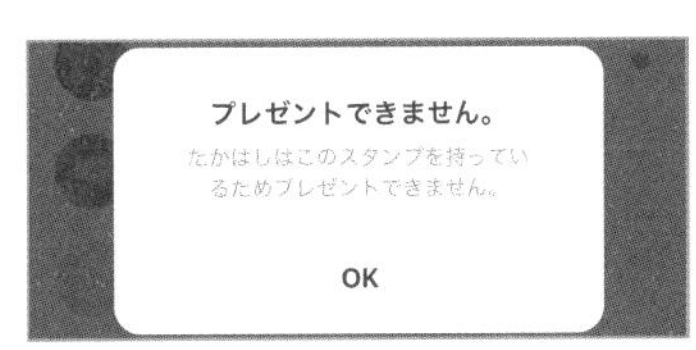
プレゼントできません。
たかはしはこのスタンプを持っているためプレゼントできません。
OK

□LINE VOOMでのブロックとは別

友だちのブロック（P.101）とLINE VOOMでのブロックは別物です。「LINE VOOMでブロック」を行っても、友だちをブロックしない限り、トークなどは通常どおり行えます。VOOMでブロックされると投稿とストーリーがまとめて非表示になります。相手のプロフィールから［LINE VOOM投稿］をタップして、投稿が表示されなくなっていれば、VOOMでブロックされている可能性が高いと言えるでしょう。

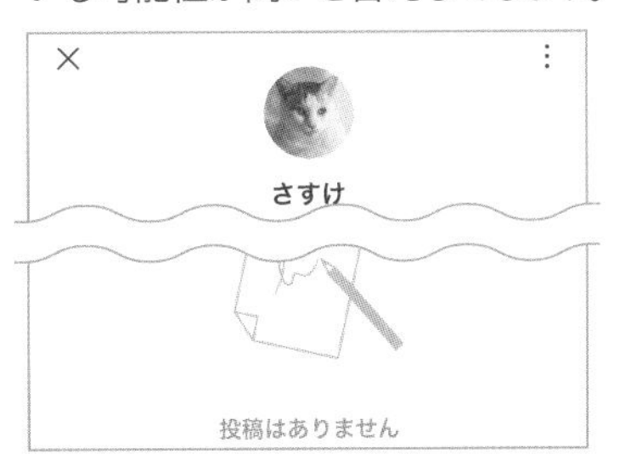
さすけ
投稿はありません

HINT　ブロックされていたとしてもスルーするのがおすすめです。

Q.042 ブロックや非表示を解除するには?

A. ブロックリストや非表示リストから解除できます

ブロックした相手とやりとりを再開したいときは、ブロック状態を解除します。ほぼ同じ方法で非表示の設定も解除できます。

≫ ブロックと非表示の解除

◻ブロックを解除する

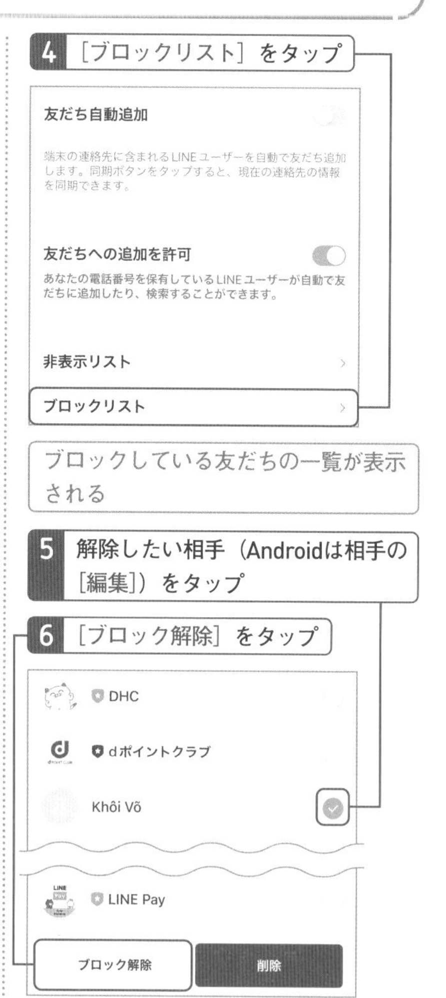

 HINT ブロックや非表示を解除すると友だちリストに再度表示されます。

Column 削除した相手のブロックを解除する

相手とのトークが残っていれば、トーク画面からブロックを解除できます。[追加] をタップして、友だちに追加し直すことも可能です（ブロック中に送られたメッセージは受信できません）。1対1のトークが残っていなくても、グループトークに相手が残っていれば、相手のプロフィールを表示してブロックを解除できます。

□非表示を解除する

[ホーム] を開いて⚙をタップしておく

1 [友だち] をタップ

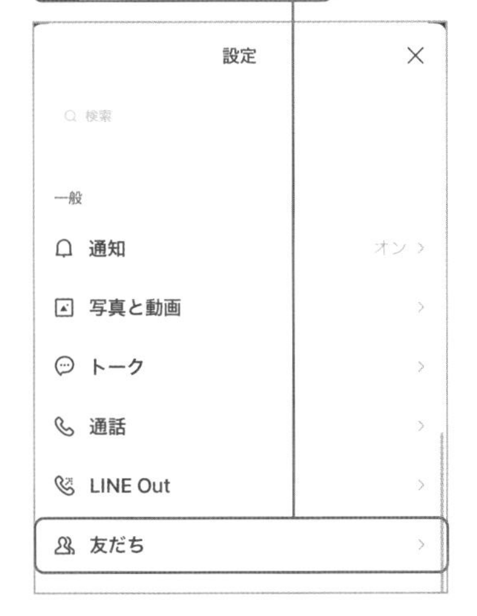

2 [非表示リスト] をタップ

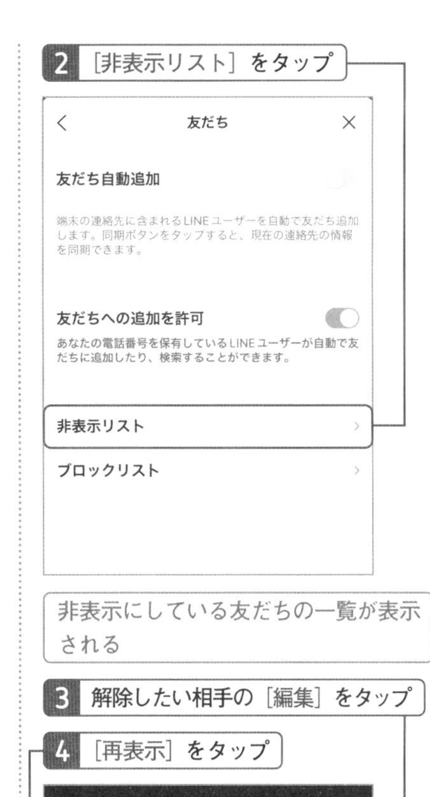

非表示にしている友だちの一覧が表示される

3 解除したい相手の [編集] をタップ

4 [再表示] をタップ

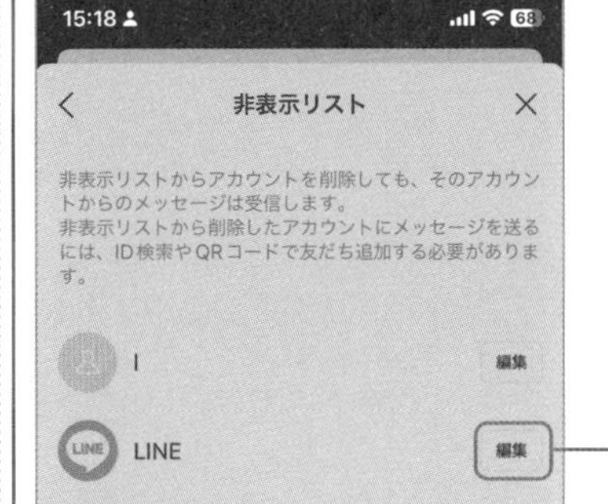

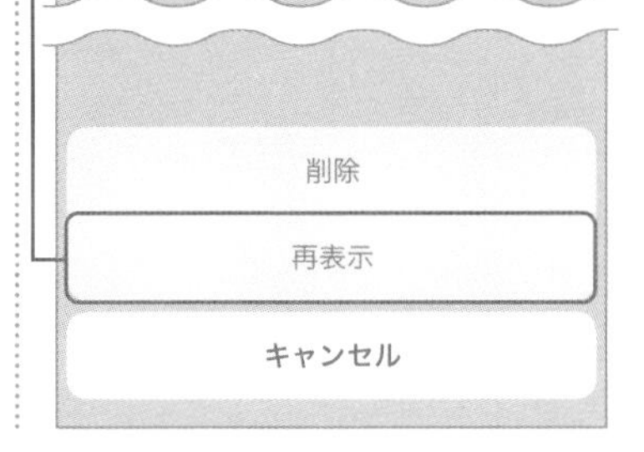

HINT　トークが残っていないときは、QRコードなどで再度友だち追加します。

Q. 043 LINE IDで検索されないようにするには？

A. ［IDによる友だち追加を許可］の設定を無効にしましょう

知らない人にLINE IDが知られていると、検索で友だちに追加されかねません。これを防ぐには［IDによる友だち追加を許可］を無効にします。

≫ ID検索されないよう設定

1 ［ホーム］をタップ

2 ⚙をタップ

3 ［プライバシー管理］をタップ

4 ［IDによる友だち追加を許可］をオフにする

5 ［×］をタップして完了または［<］をタップして前の画面に戻る

プライバシー管理
パスコードロック
IDによる友だち追加を許可
他のユーザーがあなたのIDを検索して友だち追加することができます。
メッセージ受信拒否
友だち以外からのメッセージの受信を拒否します。
Letter Sealing
メッセージは高度な暗号化によって保護されます。Letter Sealingは友だちがその機能を有効にしている場合に限りトークで利用できます。
QRコードを更新

Check 友だち追加時に注意

このオプションを無効にすると、知り合いにIDを教えても追加できません。この場合、オプションを一時的にオンに戻すか、QRコードを送信するなどして対処します。

HINT 年齢確認をしていないユーザーはIDで検索されることはありません。

044

特定の人やグループからの通知をオフにするには？

A. iPhoneなら右にスワイプ、Androidなら長押しでオフにします

活発なグループに参加している場合などは、頻繁に通知が届きがちです。そのつどチェックする必要がないなら、通知をオフにしてもよいでしょう。

≫ 通知オフの設定方法

［トーク］タブを開いておく

1 非通知にしたいトークルームを右にスワイプ

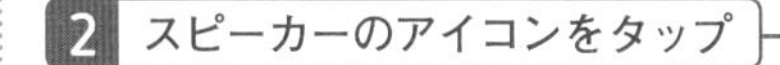

2 スピーカーのアイコンをタップ

通知がオフになり名前の横にミュートアイコンが付く

Check Androidの場合

Androidの場合はトークルームを長押しして表示されるメニューから［通知オフ］をタップします。

HINT 通知はオフになりますが、アプリのアイコンや［トーク］タブの未読件数は表示されます。

Q.045 知らない人からメッセージを受け取らないようにするには？

A. [設定]（⚙）から［プライバシー管理］の［メッセージ受信拒否］をオンにします

友だちでない相手からメッセージを受け取ることもあるでしょう。知らない相手からのメッセージやスパムは、「受信拒否」することができます。

友だち以外からのメッセージの受信拒否

1 ［ホーム］をタップ

2 ⚙をタップ

3 ［プライバシー管理］をタップ

4 ［メッセージ受信拒否］をオンにする

5 ［×］をタップして完了または［<］をタップして前の画面に戻る

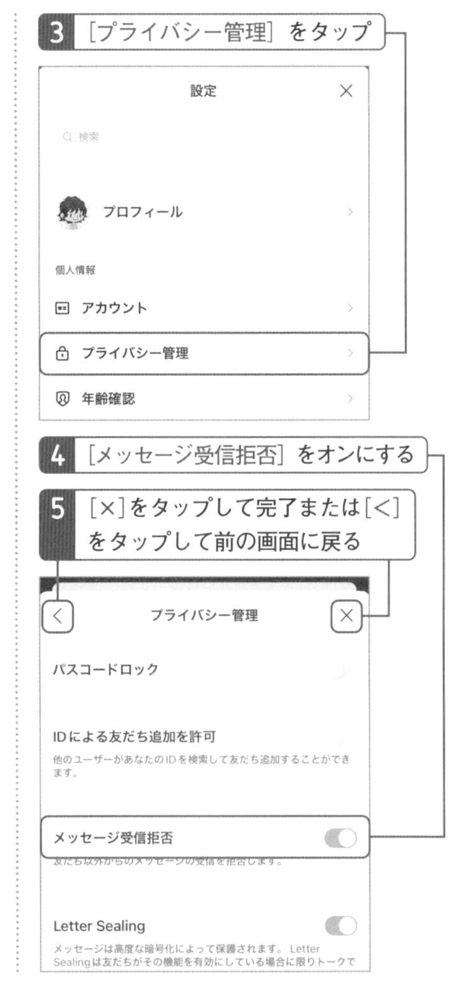

HINT 「知り合いかも？」に表示されているユーザーからのメッセージも届かなくなります。

Q. 046 通知で表示されるメッセージを他人に見られないようにするには？

A. [設定]（⚙）から［通知］の［メッセージ内容を表示］をオフにします

メッセージが届くと通知で内容が表示されます。周りの人に見られたくないなら、設定を変更しメッセージのプレビューを非表示にしておくと安心です。

≫ メッセージのプレビューの非表示

1 ［ホーム］をタップ

2 ⚙をタップ

3 ［通知］をタップ

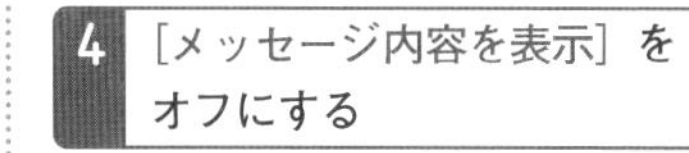

4 ［メッセージ内容を表示］をオフにする

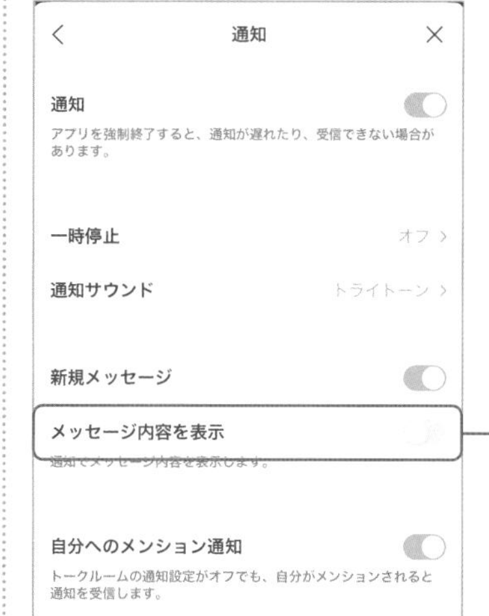

通知に内容が表示されなくなった

HINT iPhoneの場合、4の画面で［サムネイルを表示］をオフにすると写真のサムネイルが非表示になります。

Q. 047 他人にLINEアプリを使わせないようにするには？

A. パスコードをかけておけば安心です

自分以外の誰かがLINEを操作して会話を盗み見るなんて想像したくもないものです。LINEにパスコードをかけておけば、そのような心配はなくなります。

パスコードによるロック

1 ［ホーム］をタップ

2 ⚙をタップ

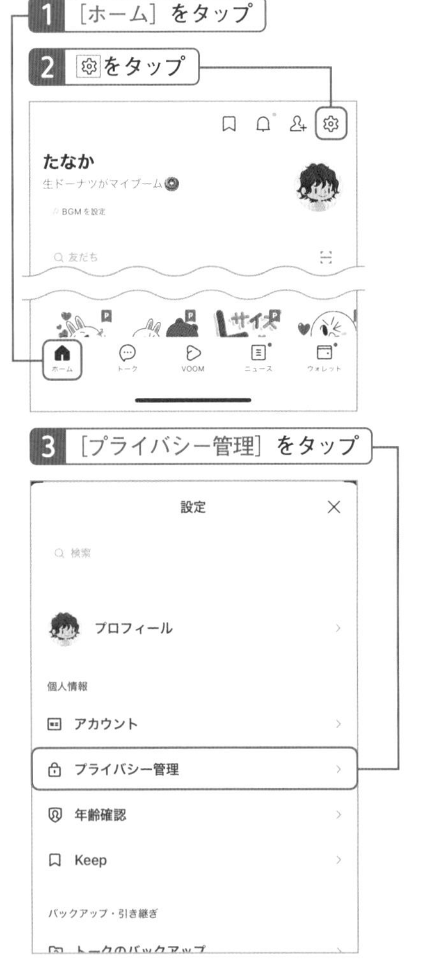

3 ［プライバシー管理］をタップ

4 ［パスコードロック］をオンにする

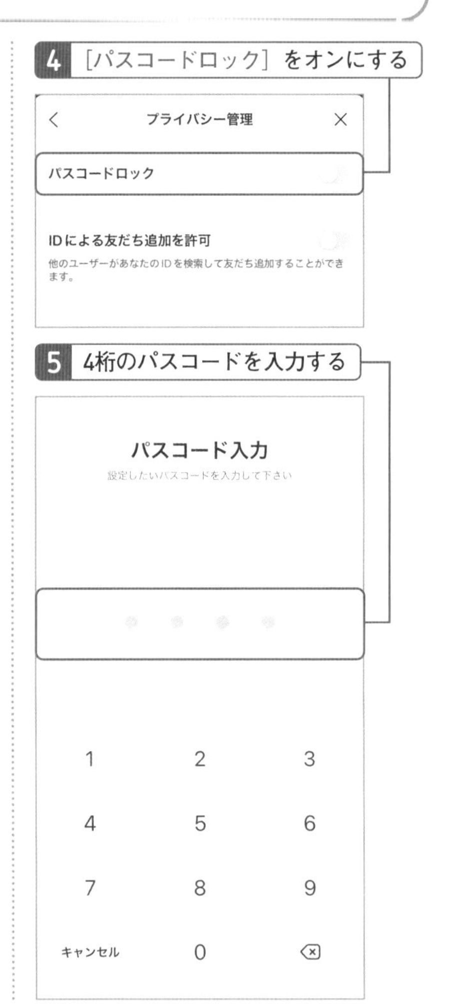

5 4桁のパスコードを入力する

HINT 誕生日や記念日など分かりやすい番号は避けて設定しましょう。

6 もう一度同じパスコードを入力して完了

LINEを開くのにパスコードが要求されるようになる

Column 顔認証や指紋認証がおすすめ

iPhoneの場合、パスコードの入力以外にもFace IDやTouch IDを利用して認証を行うことが可能です。万が一パスコードを忘れても、iPhoneなら顔認証や指紋認証でLINEを開いて、パスコード機能をオフにすることができます。そのため顔認証や指紋認証は、オンにしておくことを強くおすすめします。この設定は**3**の［プライバシー管理］画面でいつでも変更できます。

Face IDの認証をオンにしているときに、認証に失敗すると下の画面になります。「Face IDをやり直す」をタップするか、「キャンセル」をタップしてパスコードを入力しましょう。

HINT ［パスコードロック］をオフにすればパスコードを解除できます。

Q.048 不正アクセスされている可能性がある場合はどうすればいい?

A. LINEのパスワードを変更してセキュリティを強化しましょう

普段と違う端末からLINEにアクセスすると、公式の「LINE」アカウントから通知が届きます。このようなときは対策を講じる必要があります。

不正アクセスへの対処法

不正アクセスを見分けるには

「PC（MAC）でLINEにログインできませんでした。」などのような通知がLINEの公式アカウントから届くことがあります。また、本人確認のため認証番号の入力を突然求められることがあります。身に覚えがなければ、ほかの誰かが自分のアカウントにアクセスしようとしている可能性が高いです。

34 LINE
お問い合わせ|LINE(ライン)
LINE(ライン)のお問い合わせフォームです。LINEおよびLINE関連サービ…
ヘルプセンター | LINE
不明な点はLINEヘルプで簡単に確認できます。
LINE
17:33
今日
Google Chrome(Mac)でロンシャンにログインできませんでした（Unknown Address）。
IPアドレス：221.113.14.30
国・地域：日本 神奈川県 横浜市

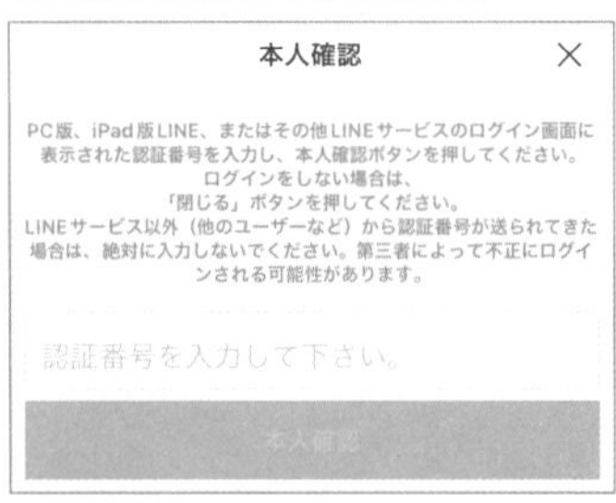
本人確認
PC版、iPad版LINE、またはその他LINEサービスのログイン画面に表示された認証番号を入力し、本人確認ボタンを押してください。
ログインをしない場合は、
「閉じる」ボタンを押してください。
LINEサービス以外（他のユーザーなど）から認証番号が送られてきた場合は、絶対に入力しないでください。第三者によって不正にログインされる可能性があります。
認証番号を入力して下さい。
本人確認

ただLINEでは2段階認証を採用しており、正しいパスワードを入力しても認証番号を入力しなければ、ログインやアカウントの引き継ぎは行われません。よって誰かがログインを試みようとしているからといって、アカウントが乗っ取られるわけではありません。それでも、IDとパスワードが漏れていることがわかったら、必ずパスワードを変更しておきましょう。

LINEのパスワードを変更する

1 ［ホーム］をタップ
2 ⚙をタップ
たなか
生ドーナツがマイブーム
ホーム
トーク
VOOM
ニュース
ウォレット
3 ［アカウント］をタップ
個人情報
アカウント
プライバシー管理

HINT 同じパスワードを利用しているサービスがほかにあったなら、そちらも必ず更新します。

4 ［パスワード］をタップ

パスコード入力などを行って認証する

5 新しいパスワードを入力

6 ［変更］をタップ

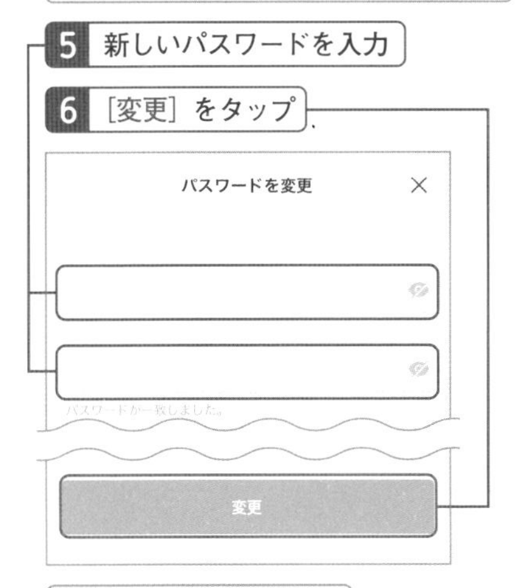

パスワードが変更される

Column ほかの端末からのログイン許可をオフにする

パソコンやタブレットからLINEにログインすることがないなら、［ログイン許可］をオフにすることも有効です。ほかの端末からログインを頻繁に試みられるなら、［アカウント］画面にある［ログイン許可］をオフにしておきましょう。

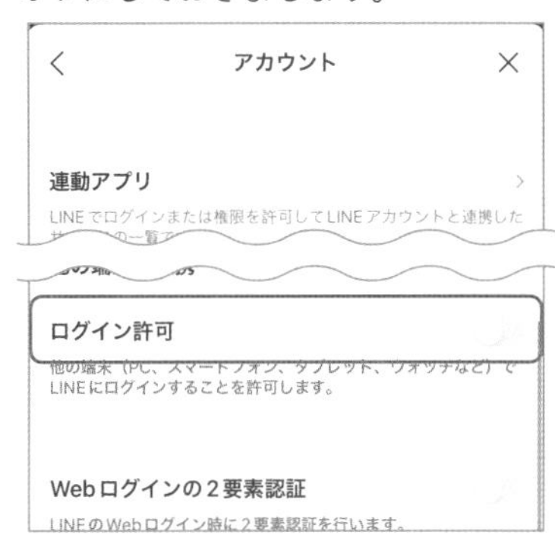

Column LINEに報告する

自分のアカウントにログインできなくなったなどの問題が起きたときは、LINEの問い合わせフォームも利用できます（https://contact-cc.line.me/ja/）。アカウントが盗まれた場合に、経緯などを詳しく報告できます。

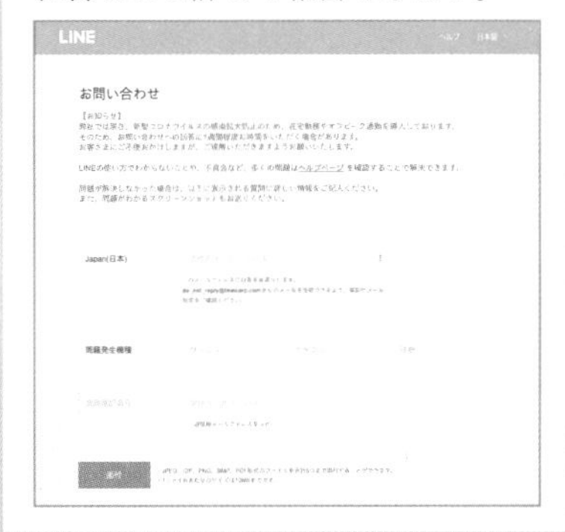

HINT **4**の画面で［ログイン中の端末］をタップすると、自分のアカウントでログイン中の端末を表示できます。

Q.049 乗っ取り被害にあわないためには?

A. 公式アカウントの見分け方を知り、怪しいメッセージに対処しましょう

LINEにアクセスするには、メールアドレスとパスワードのほかに、認証番号が必要です。LINEや友だちになりすますフィッシング詐欺にはとくに注意してください。

» LINEの乗っ取りを防ぐ

☐なりすましに注意、認証番号は絶対に教えない

LINEの乗っ取りとは、電話番号やパスワード、さらに2段階認証を突破するための認証番号を言葉たくみに聞き出して、アカウントを不正に奪う行為です。アカウントを奪われると、友だちに勝手にスパムメッセージを発信されたり、金銭を要求されたり、トーク履歴などの個人情報を盗まれたりと、自分だけでなく友だちや家族を巻き込んでさまざまな被害にあいやすくなります。
乗っ取りを防ぐには警戒を怠らないことです。LINEに限って言えば、ログイン時の本人確認に必要な認証番号を盗まれると乗っ取られる可能性が飛躍的に高まります。認証番号は絶対に教えないようにしてください。

LINE
認証番号で本人確認
LINEの安全なご利用のため、本人確認が必要です。
6883
残り時間 02:51

認証番号は他人に絶対教えない

☐LINE公式アカウントの見分け方

運営会社を騙って、ログイン情報を盗み取とろうとする手口もあります。送られてきたメッセージが公式アカウントのものかどうか、見分ける方法を知っておきましょう。
LINEの公式アカウントには「プレミアムアカウント()」「認証済みアカウント()」「未認証アカウント()」の3つがあります。アカウント名の左に緑色のバッジがついているものが公式のプレミアムアカウントからのメッセージです。「LINE」の公式アカウントからは、ログイン通知のほか、災害に関する情報などが送られてきます。
注意したいのは灰色の未認証アカウントです。こちらは審査がなく、誰でも取得できます。安全なアカウントもありますが、中には危険なアカウントも紛れていることがあるようです。

HINT LINEアプリを常に最新版にアップデートしておくことも、セキュリティ向上に有効です。

6章

グループで効率的にトークしよう

- 決まったメンバーとトークしたいときは?
- グループのメンバーを確認・追加するには?
- グループ内の特定の人にメッセージを送るには?
- 見分けやすくなるようグループにアイコンを設定するには?
- イベントの日にちや集合場所などを共有して保管できる機能はある?
- ノートにコメントやリアクションを残すには?
- ランチや飲み会の日程、場所などを決めるアンケートをとるには?
- グループで音声通話をするには?
- グループでビデオ通話をするには?
- グループで通話しながら一緒に動画を見るには?
- グループから退会するには?
- ほかのメンバーをグループから退会させるには?
- オープンチャットに参加するには?

Q. 050 決まったメンバーとトークしたいときは？

A. グループを作成すれば友だちを招待してトークできます

グループを作成すると、トークに名前を付けて管理できます。特定のテーマやメンバーで集まって会話をしたいときなどに活用しましょう。

» グループの作成

□グループを作成する

1 ［ホーム］をタップ

2 ［グループ］(初回のみ［グループ作成］) をタップ

3 ［グループを作成］をタップ

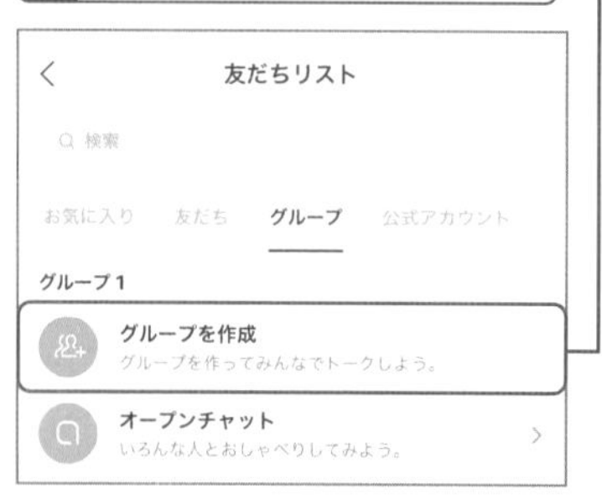

4 グループに招待する友だちを選ぶ

5 ［次へ］をタップ

6 グループ名を入力

7 ［作成］をタップ

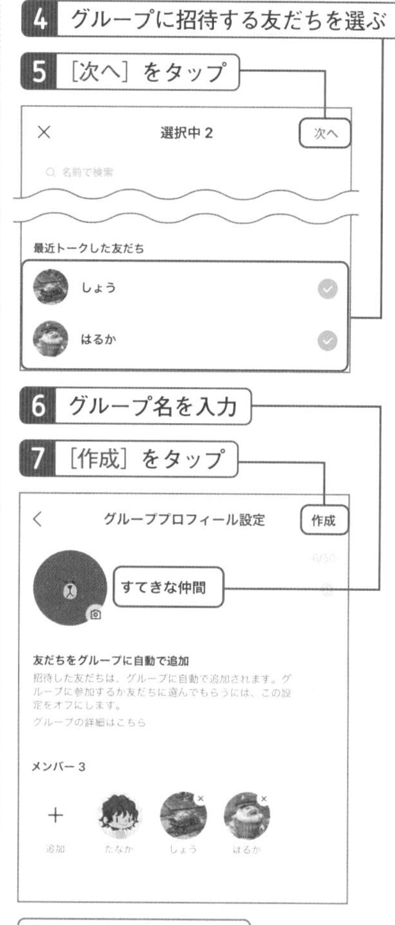

グループが作成される

HINT グループ名やアイコンはあとから変更できます。

8 ［トーク］をタップ

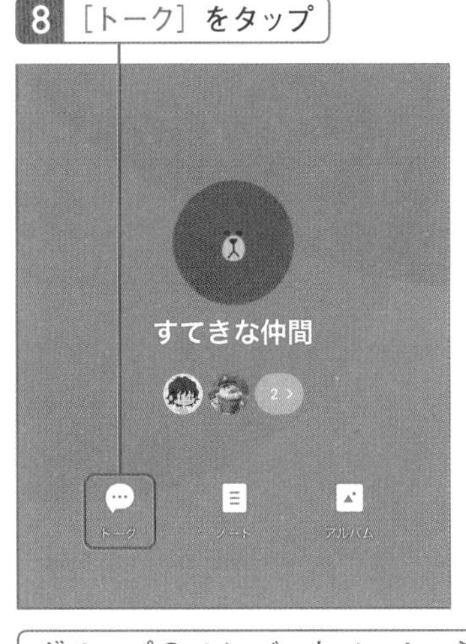

グループのメンバーとメッセージをやりとりできる

□グループのメリット、デメリット

幼稚園や学校関係で使う連絡網など、トークする人数が多いときは最初からグループを作成すると、名前やアイコンを設定できるので管理しやすくなります。
グループのメリットは、一度の送信でグループのメンバー全員にメッセージを届けられることがまず1つあります。また、グループのメンバーに電話番号やアドレス、IDを教えていない人がいても他のメンバーと同じように交流できるのもメリットの1つです。最低限のやりとりで情報を伝達、共有できるのがグループのよいところです。
グループでは1対1のトークと同じように、「ノート」(P.127)や「アルバム」(P.070)機能が使えます。グループのメンバー全員と、情報や写真を共有するのに便利です。
グループにはデメリットもあります。それは、人が多くなって投稿が増えると、通知が頻繁に届くようになったり、未読のメッセージを読むのが大変になったりすることです。
またグループに一度加入すると退会しにくいというのも覚えておいたほうがよいでしょう。

Check 友だちを自動追加する

6で［友だちをグループに自動で追加］をオンにしておくと、招待した友だちをグループに自動で追加できます。相手に参加の可否を委ねる場合はオフにしましょう。なお、この機能はあとからオフにできますが、オフからオンにすることはできません。

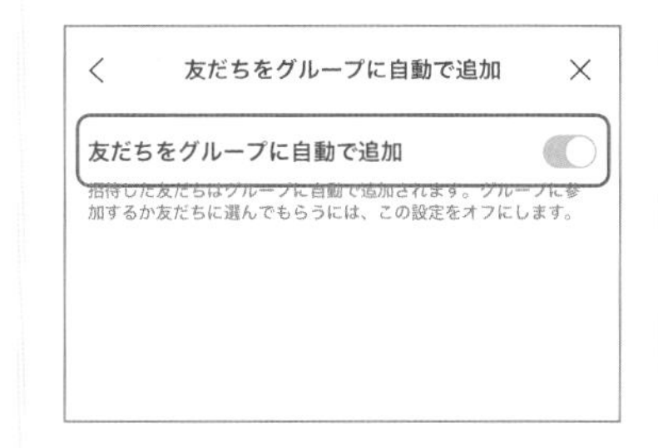

HINT グループには最大499人の友だちが参加できます。

基本 友だち トーク・通話 スタンプ プライバシー グループ VOOM さらに活用 非常時

Q.051 グループのメンバーを確認・追加するには?

A. グループを長押しして メンバーリストを開きましょう

メンバーリストでは、グループに参加している友だちや、招待中の友だちを確認できます。新しい友だちの招待は、グループのメンバーなら誰でも行えます。

グループのメンバーの確認・追加

グループメンバーを追加する

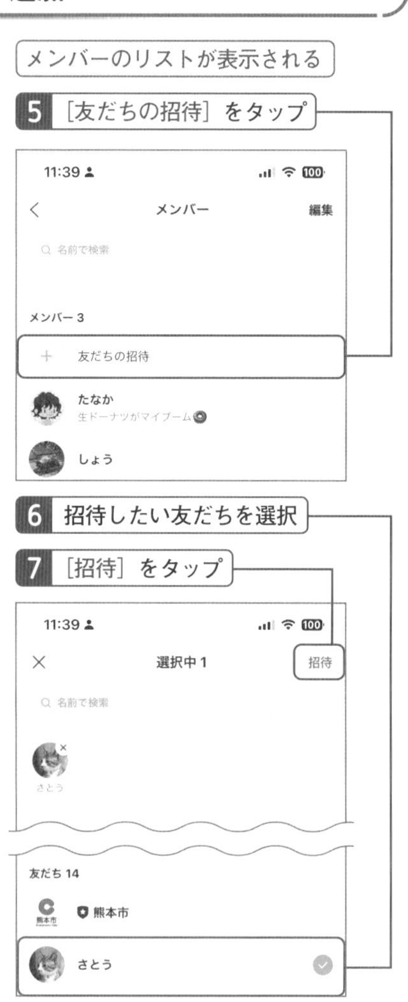

HINT メンバーの誰でもほかの友だちをグループから退会させることができます。

招待中のリストに表示される

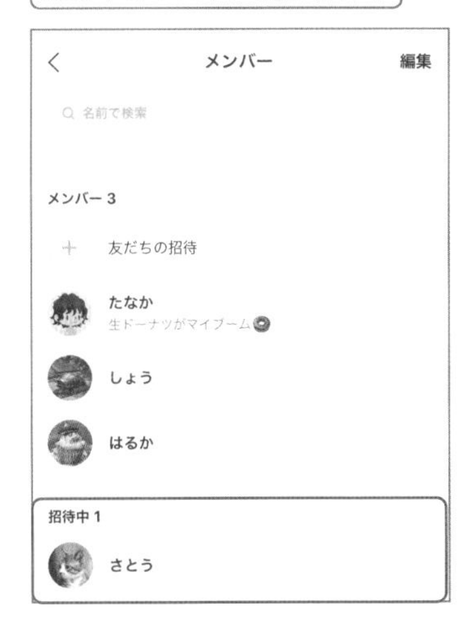

Column グループのトークルームから招待する

グループのトークルーム右上にある☰をタップして、[招待] を選んでも、友だちを追加できます。

□グループへ参加する

グループに招待されると、通知が届きます。招待時に「友だちをグループに自動で追加」がオフになっていた場合、**[参加]** をタップします。**[拒否]** をタップすると、グループに参加しません。ちなみにその場合、メンバーリストには「招待中」と表示されたままになります。

Column メンバーリストから友だちに追加する

メンバーリストでアイコンをタップすると、相手のプロフィール画面が表示されます。ここで［追加］をタップすれば、電話番号やLINEのIDを知らなくても、友だちに追加できます。

HINT　招待中の友だちをタップして［キャンセル］をタップすれば招待を取り消せます。

Q.052 グループ内の特定の人にメッセージを送るには？

A. [リプライ] を使いましょう

トーク中に特定の友だちのメッセージに返信したいときに使うのが **[リプライ]** です。ほかの会話に紛れにくくなります。

特定の人にメッセージを送る方法

1 返信したいメッセージを長押しする

2 [リプライ] をタップ

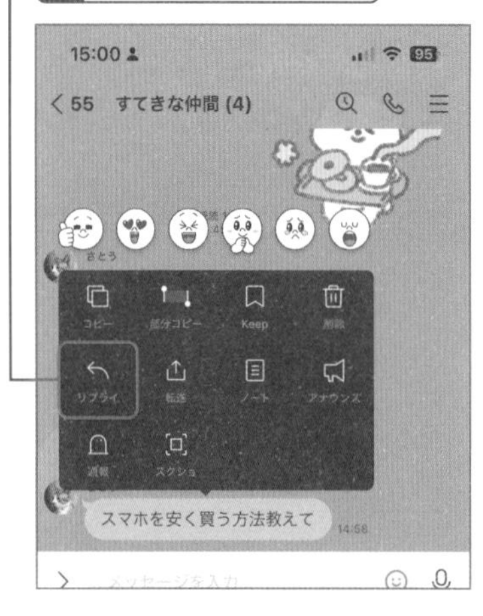

3 メッセージを入力して ▶ をタップ

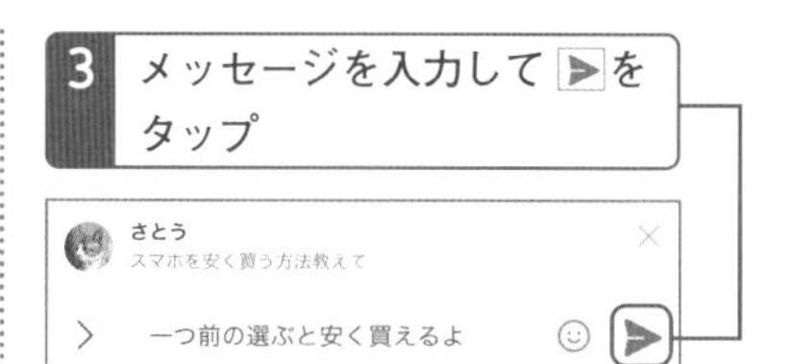

[リプライ] した相手とメッセージも一緒に表示された状態で送信される

リプライした相手に通知が届く

HINT リプライした相手には確実に読んでほしいメッセージを送るときに使用するとよいでしょう。

見分けやすくなるようグループにアイコンを設定するには？

A. グループの「その他」画面を開いて変更します

アイコンは、グループの顔と言っても過言ではありません。グループの特徴を表すようなわかりやすいアイコンに設定しておくとよいでしょう。

グループアイコンの設定

1 [ホーム] をタップ

2 [グループ] をタップ

3 設定するグループをタップ

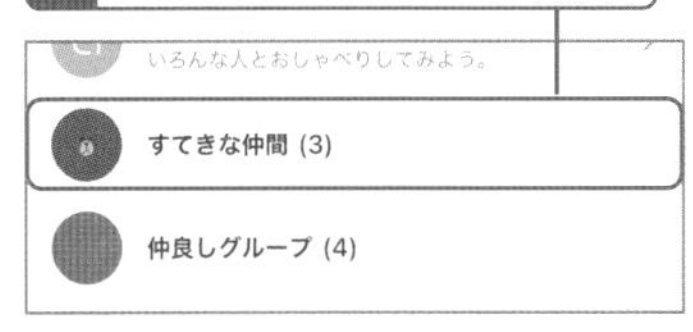

4 ⚙をタップ

「その他」画面が開く

5 アイコンをタップ

6 [プロフィール画像を選択] をタップ

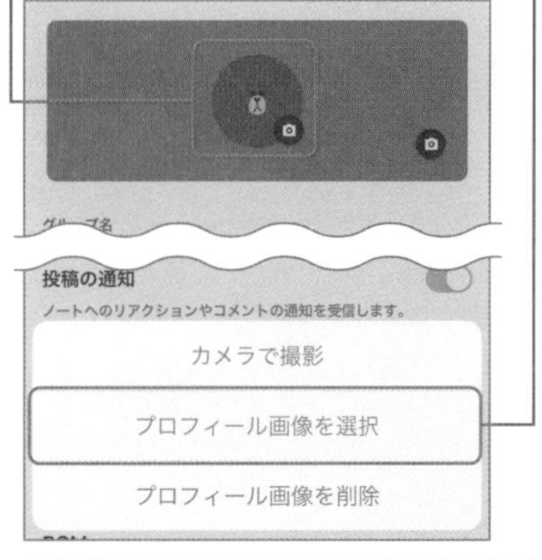

7 [写真を選択]をタップ（用意されたアイコンを選ぶことやその場で撮影も可能）

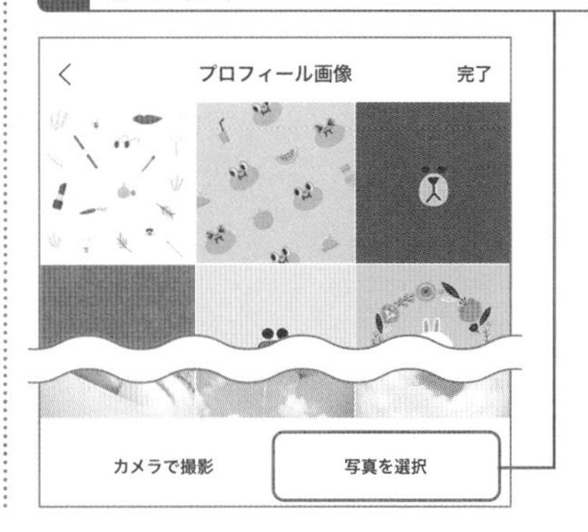

HINT　グループの参加メンバーなら誰でもアイコンを設定できます。

8 スマートフォンに保存されている画像を選ぶ

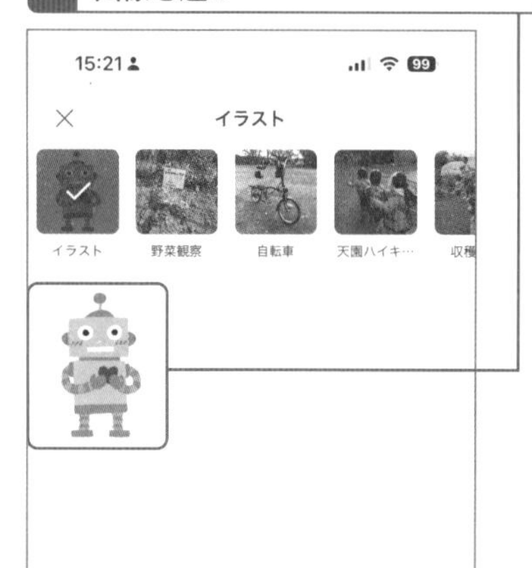

9 写真をドラッグし使う範囲を設定する

10 [次へ] をタップ

11 [完了]をタップ(写真を加工することも可能)

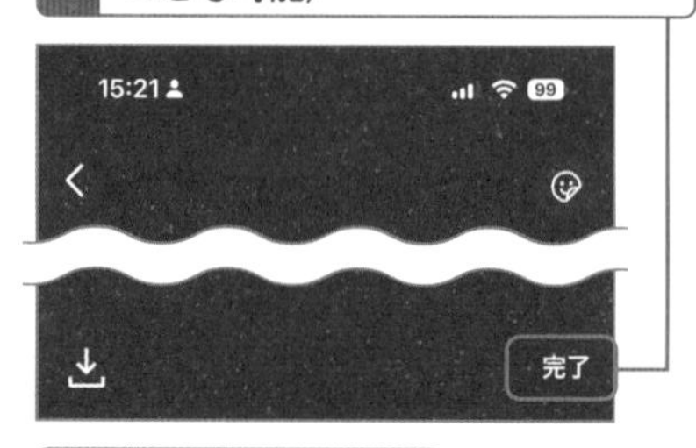

アイコンが設定された

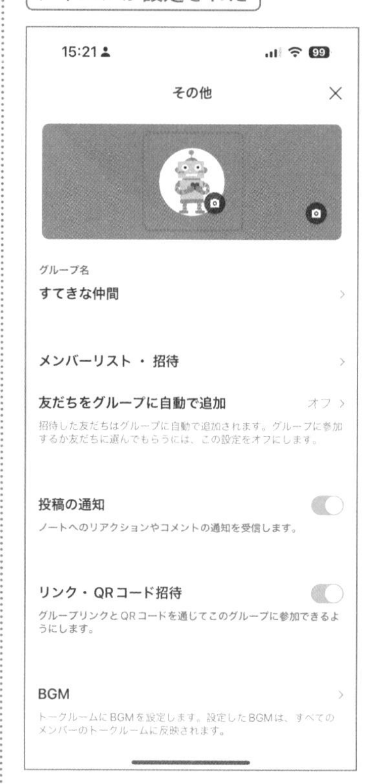

Column 背景画像の設定

背景画像は「その他」画面のアイコン画像の背景にある をタップして設定できます。設定方法はアイコンと同じです。

HINT **11**の加工方法はP.062を参照してください。

Q.054 イベントの日にちや集合場所などを共有して保管できる機能はある?

A. 「ノート」に情報をまとめておくと、いつでも誰でも参照できます

イベントの情報や過去の大事な会話などは「ノート」に投稿しておくと、メンバーの誰でもいつでも参照できて便利です。

ノートの利用

□ノートに投稿する

1 グループのトークルームで ☰ をタップ

< 99+　すてきな仲間 (4)

2 [ノート] をタップ

ノートが表示される

3 ⊕をタップ

4 [投稿] をタップ

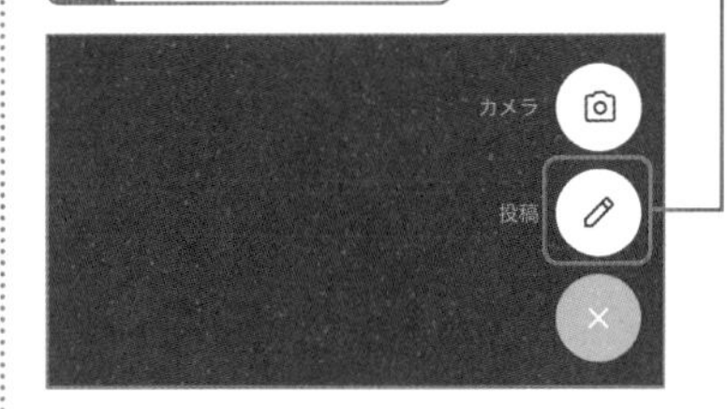

5 投稿する内容を入力

6 [投稿] をタップ

投稿
すてきな仲間
バーベキューのご案内
日時　3月26日　10時集合
場所　河原(場所は当日次第)
持ち物　飲み物、食べ物各自。防寒具、イスなど
コンロは田中が用意します
位置情報を追加

ノートに投稿される

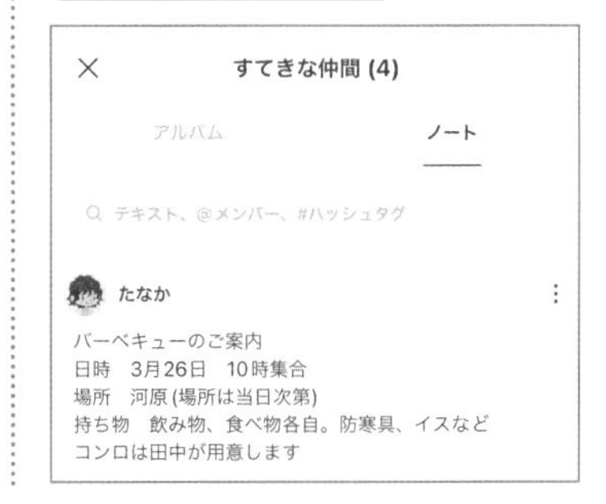

HINT　ノートは1対1のトークでも利用できます。

ノートを見る

ノートが投稿されると、グループのトークルームに通知される

1 ［ノート］をタップ

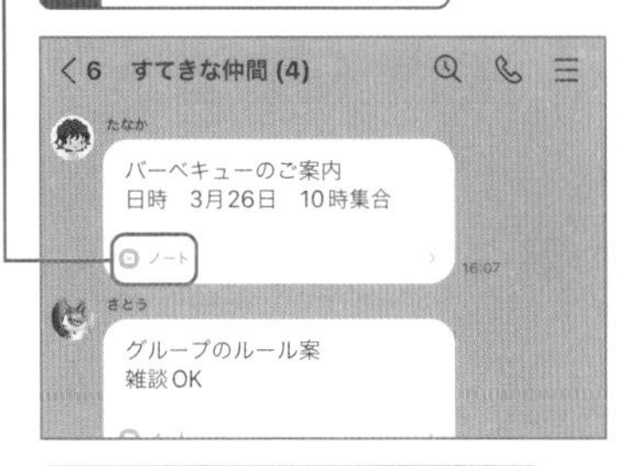

投稿された内容が表示される

メッセージをノートに保存する

1 メッセージを長押し

2 ［ノート］をタップ

まとめて保存したいメッセージを選択し、［ノート］をタップして投稿を行う

Check あとから招待されたメンバーも読める

大事な情報はノートに保存しておくと、あとから招待された友だちも、いつでもさっと読めて便利です。

ノートを編集する

1 ノートを表示して⋮をタップ

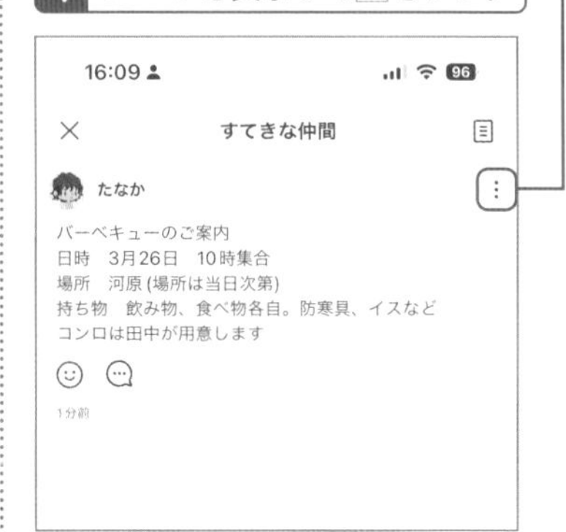

2 ［投稿を修正］をタップ

編集画面が表示されるので編集を行い［投稿］をタップして完了

Check ノートを編集しても通知されない

不要なノートは削除することもできます。「ノートを編集する」の**2**で［投稿を削除］をタップして削除してください。なお、ノートを編集してもグループトーク内で通知されることはありません。必要な場合は、編集したことを自分でグループトークに投稿したりするなどして告知してください。

HINT ノートには画像や動画、URL、位置情報なども投稿できます。

ノートにコメントやリアクションを残すには?

A. ノート内でコメントや「いいね」を投稿できます

コメントを利用すると、トークルームの会話とは別にノート内でやりとりができます。特定の話題について話したいときなどに便利です。

» コメントやいいねの投稿

□コメントを投稿する

1 ノートを開いて💬をタップ

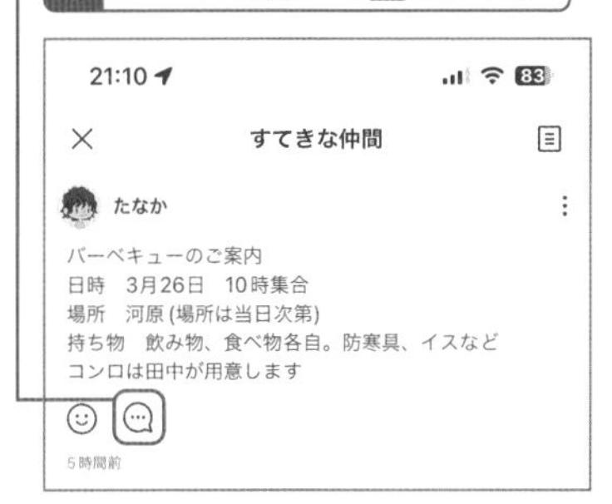

2 コメントを入力

3 ▶をタップ

コメントが投稿される

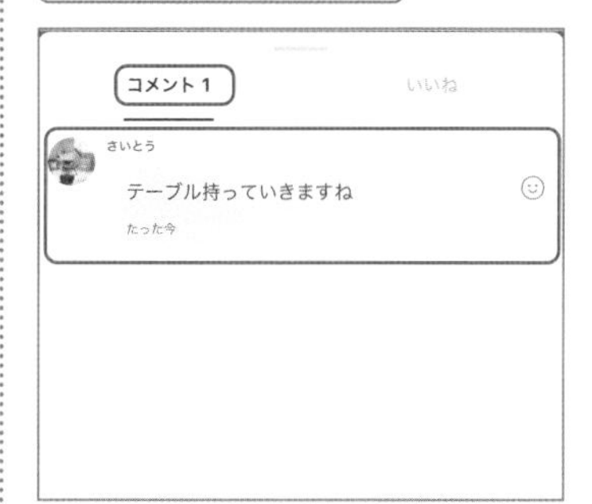

□コメントを削除する

1 コメントを左方向にスワイプ(Androidは長押し)

2 [削除] をタップ

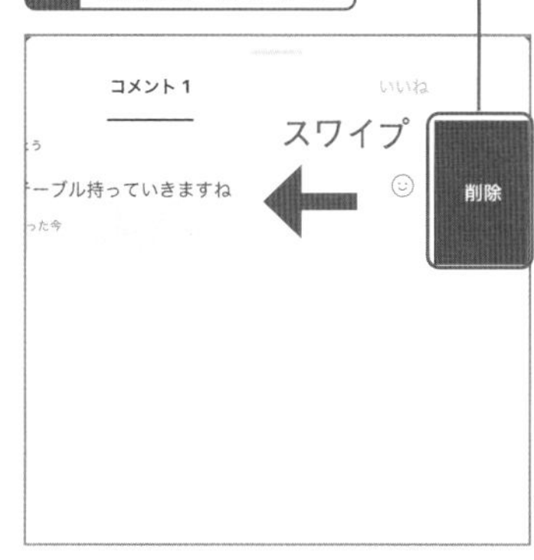

コメントが削除される

HINT　コメントを投稿せずに簡易的に「いいね」をしてもよいでしょう。

□「いいね」を投稿する

1 ノートを開いて☺を長押し

2 使いたいスタンプをタップ

「いいね」が投稿される

□コメントや「いいね」の通知を設定する

「いいね」やコメントの通知が多くてわずらわしくなってきたら、ノートへの投稿に対する通知を無効にできます。「その他」画面を開いて「投稿の通知」をオフにします。

グループのトークルームで☰をタップしておく

1 ［その他］をタップ

2 ［投稿の通知］をオフにする

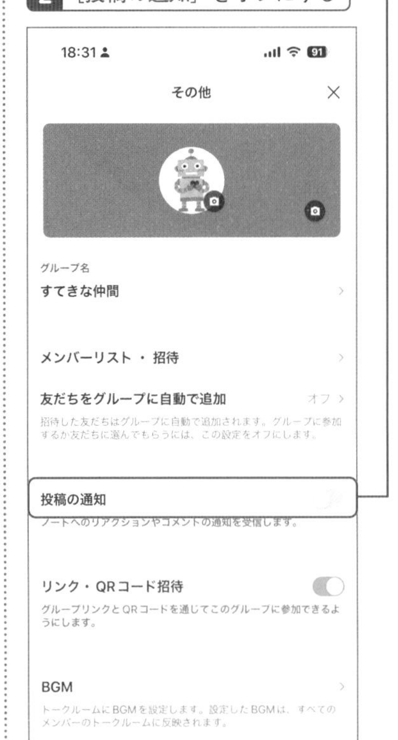

HINT 「いいね」のスタンプはハロウィンなどのイベントでデザインが変わることもあります。

056

ランチや飲み会の日程、場所などを決めるアンケートをとるには？

A. トークルームの［+］から［投票］をタップして作成しましょう

「ランチは何を食べる？」といったみんなの意見を募りたいときに便利なのが「投票」です。意見がなかなかまとまらないときなどぜひ活用しましょう。

アンケートの利用

□アンケートを投稿する

1 トークルームで[+]をタップ

2 ［投票］をタップ

3 ［投票を作成］をタップ

4 質問内容と選択肢を入力

5 終了日時や匿名投票などのオプションを選択

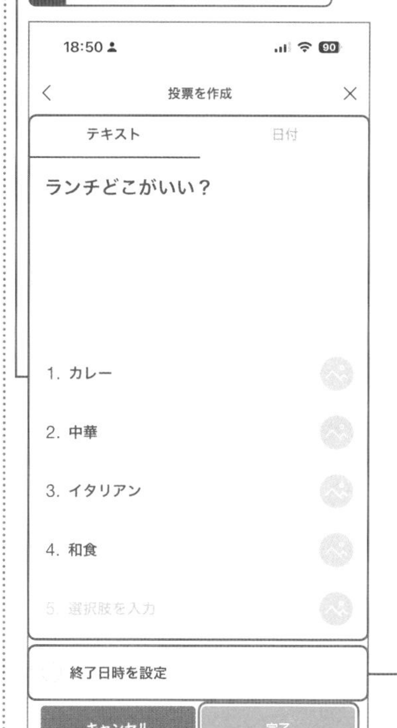

6 ［完了］をタップ

HINT　グループトークで投票を作成するとノートに投稿されます。

投票画面が表示される

7 自分が投票したい項目をタップ

8 ［投票］をタップ

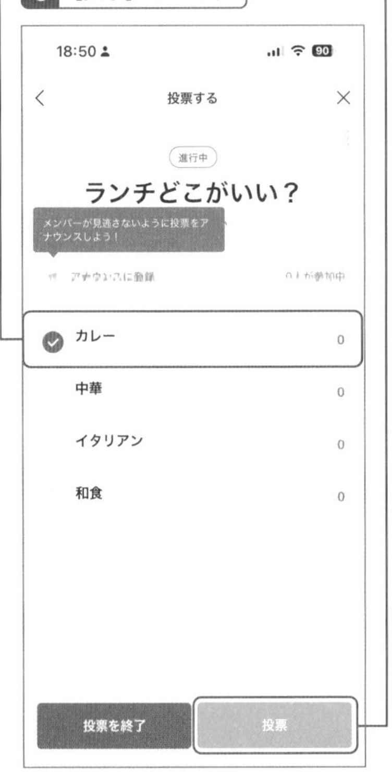

トークルームに投票の通知が投稿される

Check アンケートを開票する

投票を手動で終了する、または終了日時が来ると投票結果が通知されます。「投票終了」の通知をタップすれば、アンケートを開票できます。

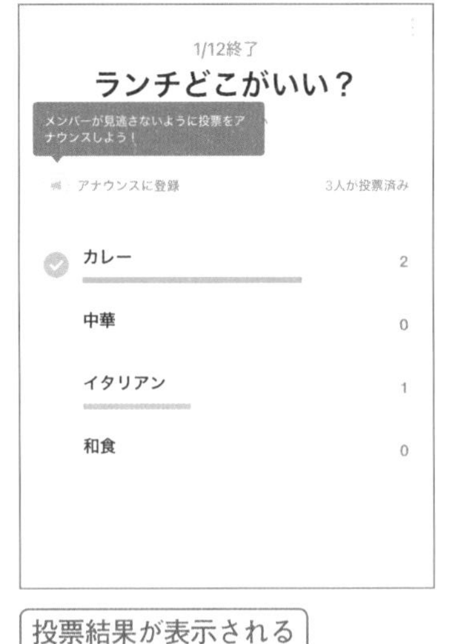

投票結果が表示される

HINT 投票画面で［アナウンスに登録］をタップすればトークルームの先頭にピン留めできます。

イベントを通知する

トークルーム右上の☰をタップして［イベント］をタップすると、イベントの予定を通知して、参加、不参加を募ることができます。メンバーの出席管理をしたいときに便利です。

□日程調整を使用する

日にちだけ決めたい場合は「投票」ではなく「日程調整（LINEスケジュールともいいます）」を使用すると便利です。回答に○△×の3種類を選べることや、回答した人にだけメッセージを送信する機能が用意されているのがアンケートと違う点です。

1 トークルームで［＋］をタップ

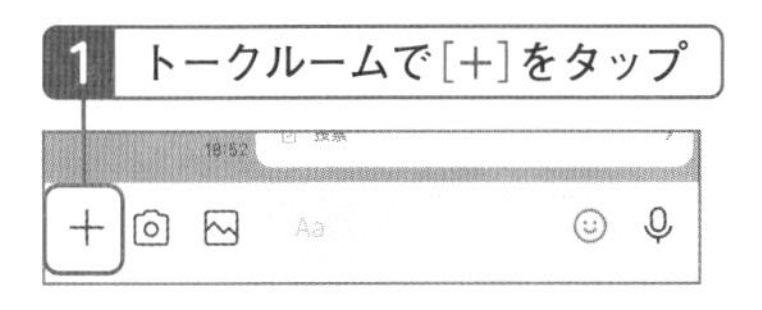

2 ［日程調整］をタップ

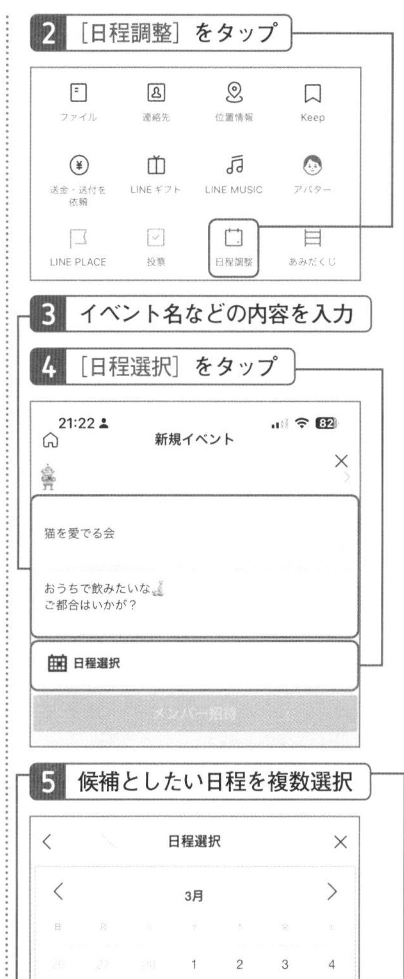

3 イベント名などの内容を入力

4 ［日程選択］をタップ

5 候補としたい日程を複数選択

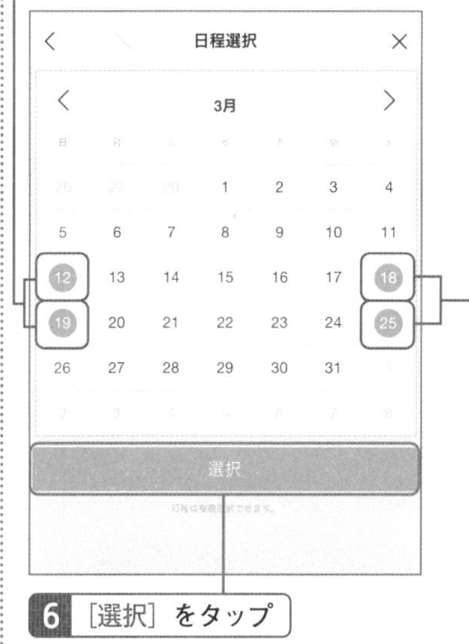

6 ［選択］をタップ

日程選択の候補が追加される

HINT　アンケートは匿名投票にすることもできます。

7 ［メンバー招待］をタップ

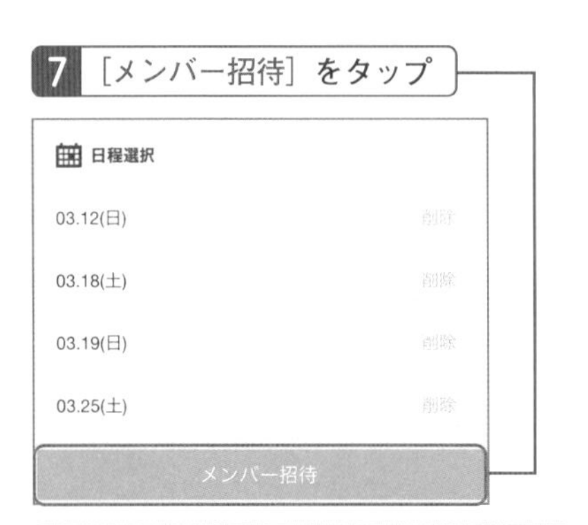

ほかのメンバーへのメッセージを入力できる

8 必要ならメッセージを変更し［送信］をタップ

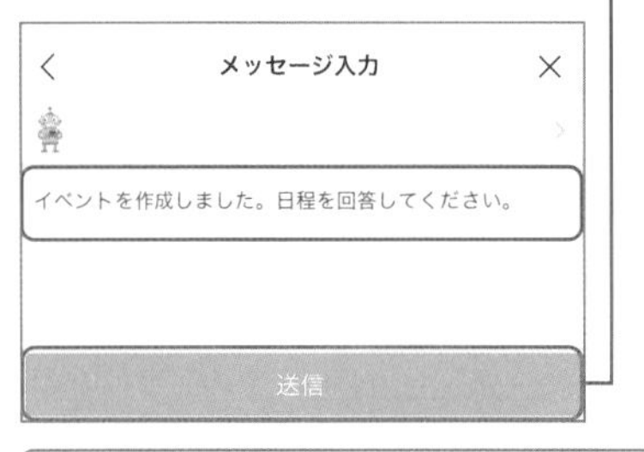

トークルームに日程調整の通知が送信される。［OK］をタップしたあと、次のような画面が表示されるので自分の回答を行う

9 ［回答する］をタップ

［日程回答］画面が表示される

10 各日にちの都合を○△×のいずれかをタップして選択

11 コメントがあればタップして入力

12 ［選択］をタップ

回答が反映される

13 ［<］をタップ

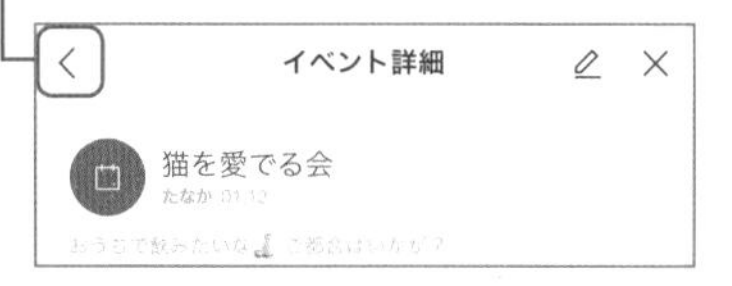

トークルームに戻る。日程調整の通知が追加されている

ほかのメンバーがトークルームで日程調整の通知をタップすると**9**のような画面が表示されるので、作成者と同じように回答する

HINT ［回答者にメッセージ送信］で回答者だけにメッセージ送信ができます。

グループで音声通話をするには？

A. グループのトークルームから［音声通話］をタップします

グループトークが盛り上がってきたら、グループ通話をしてみましょう。グループの友だちと一斉に通話することができます。

グループ音声通話の利用

□グループ音声通話を開始する

1 グループのトークルームを開く

2 📞をタップ

Check 通話の前の事前確認

通話する直前に通話してよいか確認するのがおすすめです。1対1の場合もそうですが、グループ通話では特に気をつけた方がよいでしょう。

3 ［音声通話］をタップ

相手が応答するのを待つ

参加者同士で会話を開始する

HINT 音声通話は音声のみで通話します。音声通話のほかにビデオ通話もあります。

4 終了するときは［退出］をタップ

グループ通話から退出する

Column グループ通話中に招待する

4の通話中画面で⋮をタップしたあと、［一覧で表示］を選びます。グループのメンバーが表示されるので、［招待］ボタンをタップして通話に参加していないメンバーに通知を送信できます。

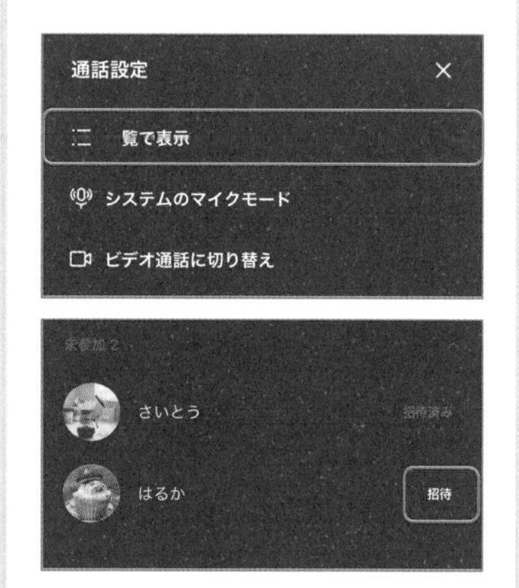

グループ通話に参加する

グループの誰かがグループ通話を開始すると通知が表示される

1 ［参加］をタップ

グループ通話に参加している状態になる

HINT グループ通話はグループ全員に通知されますが、全員参加する必要はありません。

グループでビデオ通話をするには?

A. グループのトークルームから[ビデオ通話]をタップします

グループでは音声通話だけでなくビデオ通話も楽しめます。離れていて会えない仲間ともオンラインで盛り上がることができます。

グループビデオ通話を開始する

1 グループのトークルームを開く

2 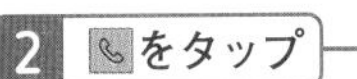をタップ

3 [ビデオ通話]をタップ

4 [参加]をタップ

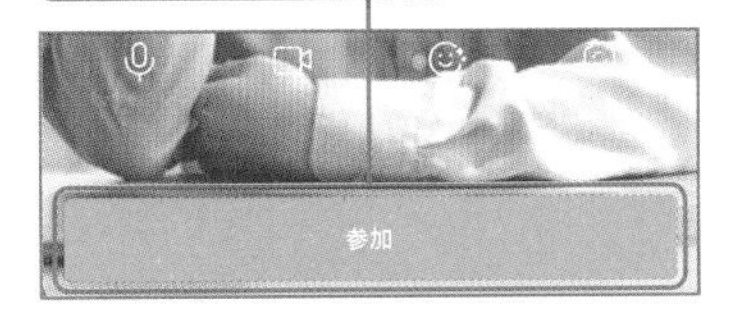

参加者同士で会話をする

5 終了するときは[退出]をタップ

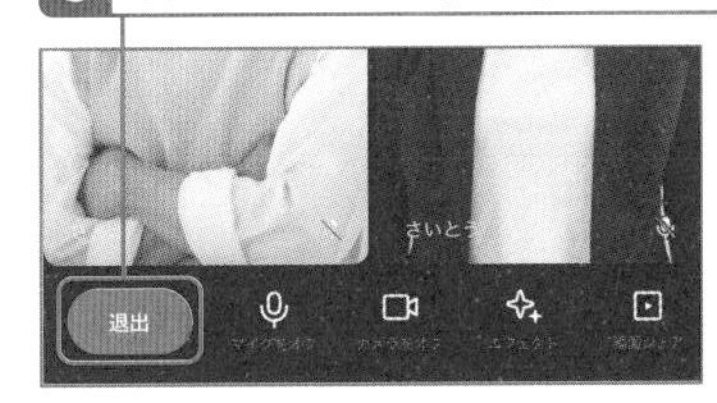

グループビデオ通話から退出する

HINT 1対1のビデオ通話と同じ操作で、マイクやカメラのオンオフ、エフェクトの使用などができます（P.082）。

Check 全員退出するとグループ通話が終了する

参加者が残っていればグループ通話は継続されます。全員退出すると「グループ通話が終了しました。」と表示されます。

グループビデオ通話に参加する

グループのメンバーがグループビデオ通話を開始すると通知が届きます。トーク画面を開いて参加しましょう。

1 [トーク]をタップ

2 グループをタップ

3 [参加]をタップ

4 [参加]をタップ

グループビデオ通話に参加する

HINT グループ通話が続いていれば、いつでも参加し直すことができます。

グループで通話しながら一緒に動画を見るには？

A. 「画面シェア」を使って、YouTubeや撮影した動画を一緒に見れます

グループ通話にある「画面シェア」を使うと、スマートフォンの画面やYouTubeの動画をみんなと一緒に見ることができます。

画面シェアの開始

グループビデオ通話を開始する

1 ［画面シェア］をタップ

2 ［YouTube］をタップ

3 検索ボックスをタップ

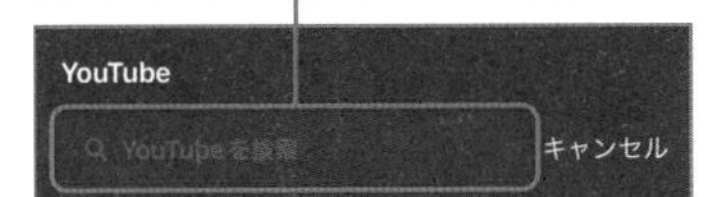

4 キーワードを入力して検索

5 見たい動画をタップ

6 ［開始］をタップ

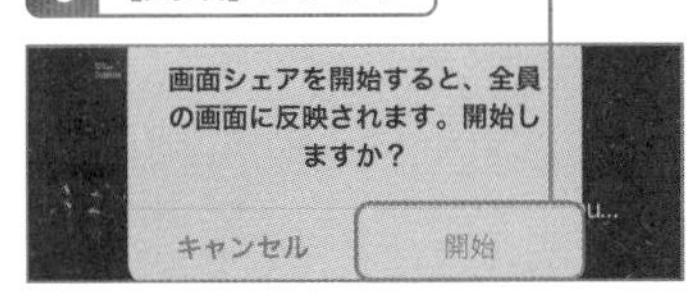

YouTubeの動画が再生される

7 終了するには［×］をタップ

8 ［終了］をタップ

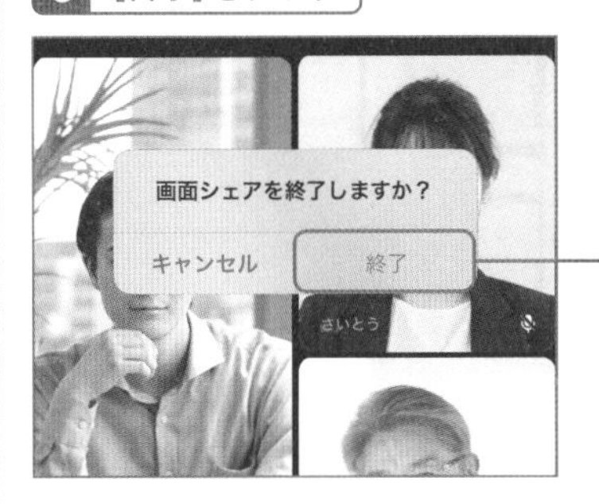

Column　スマートフォンの動画を見る

2で［自分の画面］を選ぶとスマートフォンの画面をシェアできます。「カメラ」アプリなどで動画を再生すれば、撮影した動画を一緒に見ることができます（P.083）。

HINT　画面シェアの操作は1対1の通話と同じです。P.083も参考にしてください。

Q.060 グループから退会するには？

A. グループを長押しして退会します

グループに参加したものの、自分に合わなかったということもあります。そこでグループから退会する方法を紹介します。

» グループからの退会

1 [ホーム] をタップ

2 [グループ]をタップ

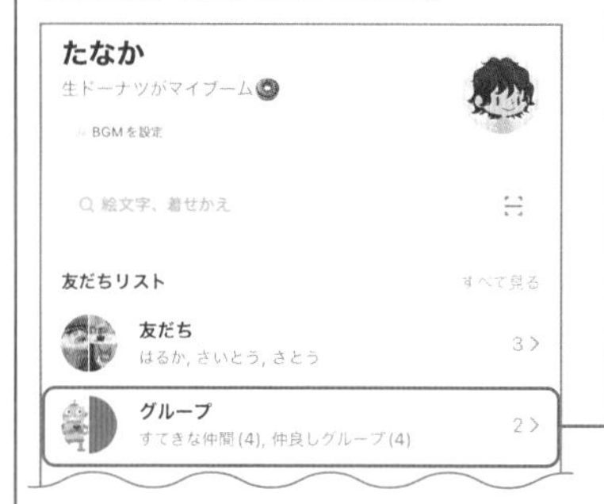

3 グループを長押しする

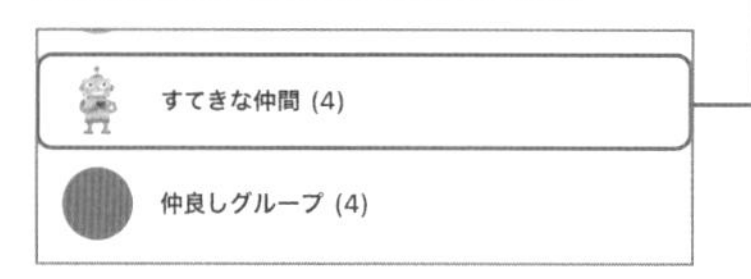

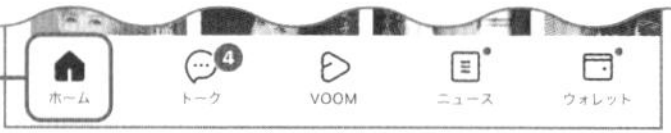

4 [退会] をタップ

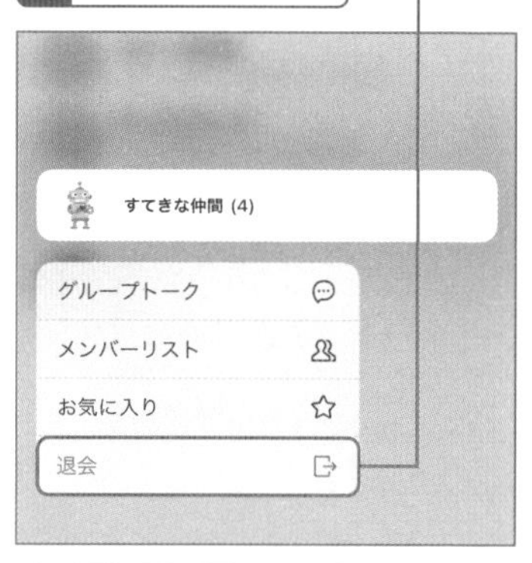

5 [OK] (Androidは [はい]) をタップ

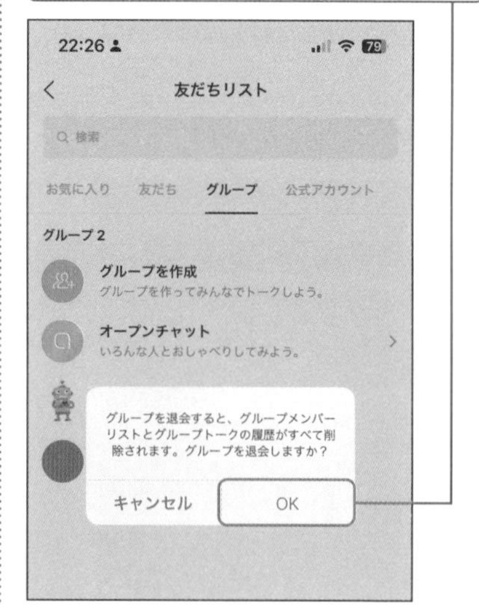

Check 退会したかはリストでわかる

グループを退会したことは、グループメンバーであればグループのメンバーリストを見ればわかります。またグループの全員が退会すると、そのグループは削除されます。

HINT 退会するとグループトークの履歴はすべて削除されます。

ほかのメンバーをグループから退会させるには？

A. [メンバーリスト]から退会させられます

グループ内で迷惑行為を行うメンバーがいた場合は退会させましょう。ただし自分一人の判断では行わず、ほかのメンバーに相談してからのほうがよいでしょう。

グループメンバーの削除

1 [ホーム]画面から[グループ]を開いておく

2 グループを長押しする

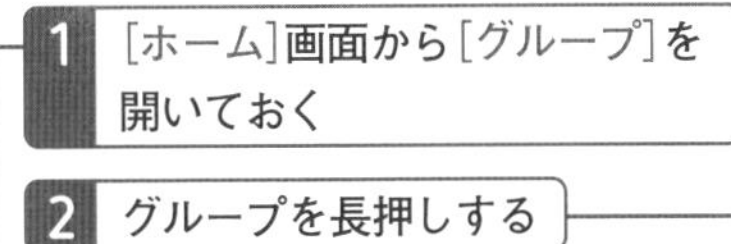

3 [メンバーリスト](Androidは[グループ詳細])をタップ

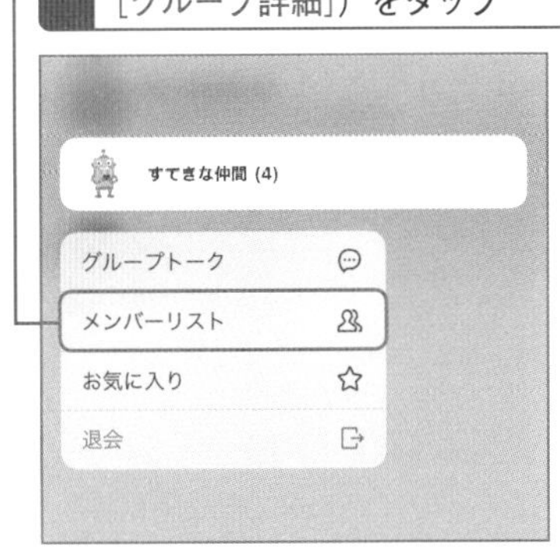

4 退会させる友だちを左方向にスワイプ（Androidは［編集］をタップ）

5 ［削除］をタップ

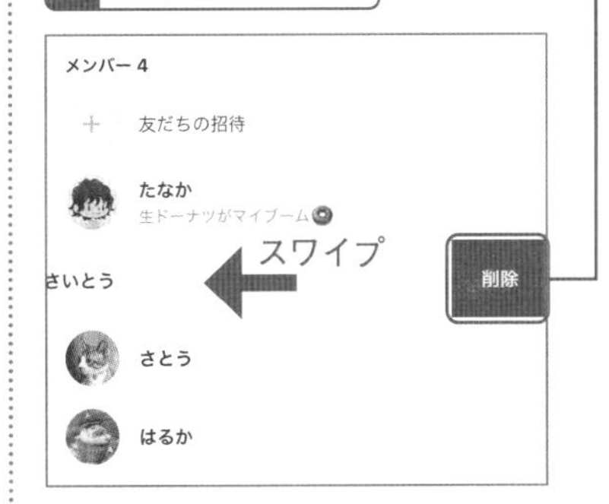

6 [削除](Androidは[はい])をタップ

メンバーがグループから削除される

HINT　強制的に退会させられるので、遺恨が残らないようによく考えて行いましょう。

Q. 062 オープンチャットに参加するには?

A. [トーク] タブからオープンチャットを開いて参加します

オープンチャットは匿名で参加できるトークルームで、さまざまな話題について話すことができます。気に入ったところがあれば参加してみましょう。

オープンチャットの利用

□オープンチャットに参加する

1 [トーク] をタップ

2 ◯をタップ

オープンチャットのメイン画面が表示される

3 キーワードやカテゴリーをタップ

4 興味のあるオープンチャットをタップ

HINT 参加しているオープンチャットは友だちに公開されません。

5 プレビューが表示される

6 [新しいプロフィールで参加]をタップ

7 [同意]をタップ（初回のみ）

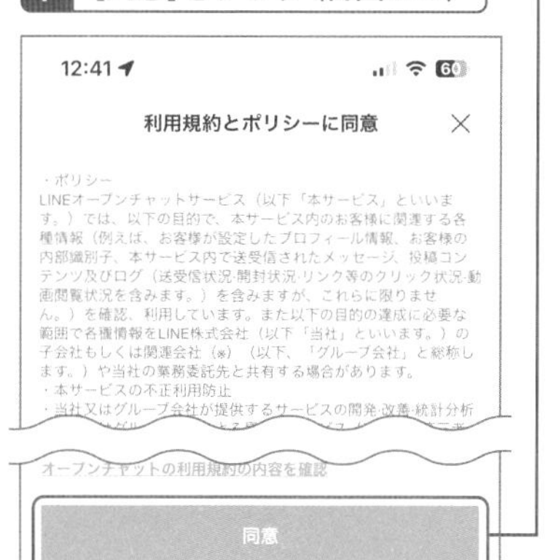

8 ニックネームとアイコンを設定する

9 [参加] をタップ

10 禁止事項の内容を確認する

11 [確認しました] をタップ

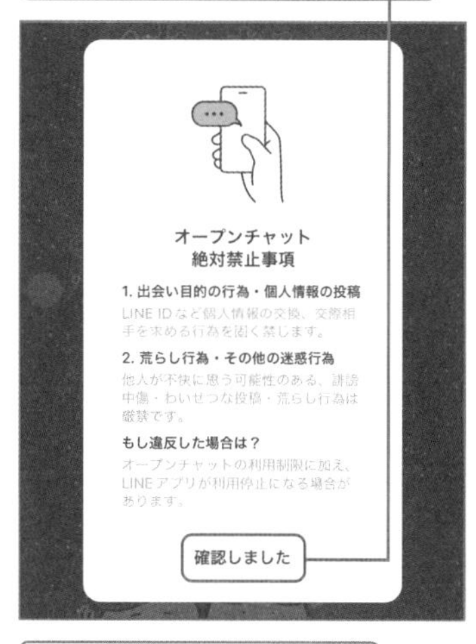

オープンチャットに参加した

Check 誹謗中傷ガイドライン

10のあと誹謗中傷についてのガイドラインのお知らせが表示されたら［×］をタップして閉じます。

HINT ニックネームはオープンチャットごとに好きな名前を付けられます。

オープンチャットに投稿する

1 メッセージを入力し▶をタップ

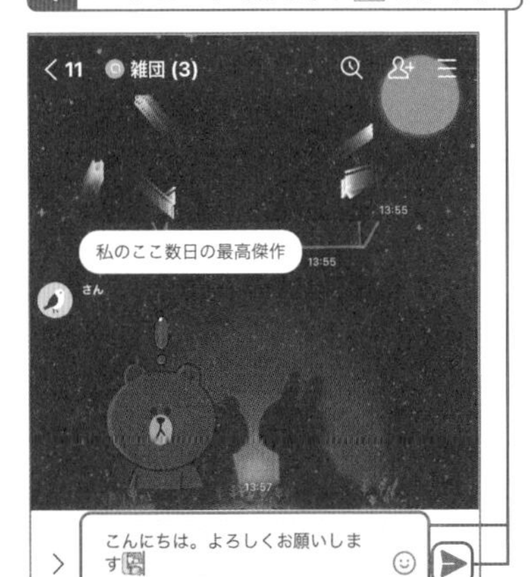

メッセージが投稿される

Column オープンチャットを作成する

オープンチャットのメイン画面右下にある をタップすると、自分でオープンチャットを作成できます。自由にタイトルを付けて、説明やカテゴリーを設定するだけなので簡単です。オープンチャットを作成したユーザーは管理者となり、公開設定（限定公開もできます）や定員、メンバー管理など、さまざまな管理ツールが使えるようになっています。

1 をタップ

2 内容を入力し［次へ］をタップ

3 ニックネームとアイコンを設定して［完了］をタップ

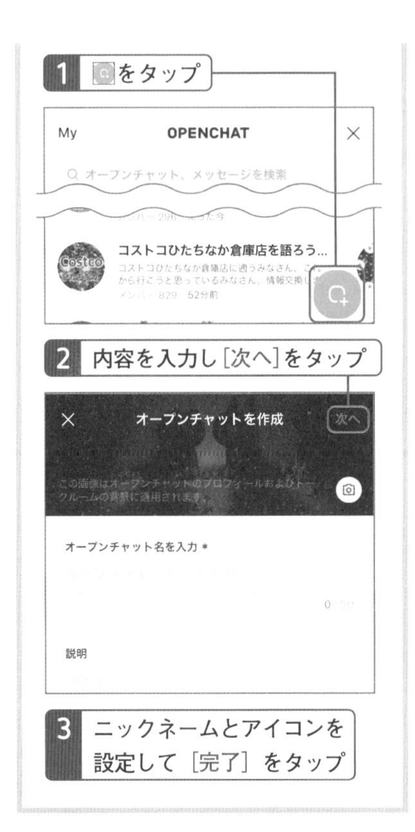

Column オープンチャットの通知を止める

オープンチャットに投稿があると通知が届きます。通知をわずらわしく感じたら、設定を変更しましょう。［ホーム］画面の⚙をタップして［通知］→［オープンチャット］を開いて設定できます。［未読数を非表示］をオンにすると、オープンチャットの未読件数を非表示にすることもできます。

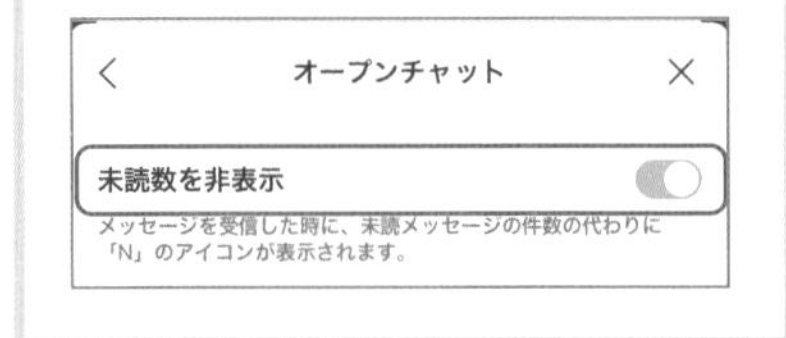

HINT オープンチャットでも、メッセージに「いいね」を付けたりリプライを送ったりできます。

7章

LINE VOOMで友だちの今を知ろう

- LINE VOOMってどんな機能?
- 友だちや気になるアカウントをフォローするには?
- 近況を投稿して公開するには?
- LINE VOOMが見にくいときはどうしたらいい?
- LINE VOOMの投稿を削除するには?
- 友だちの投稿にリアクションを送るには?
- ストーリーを投稿するには?
- ストーリーを誤って投稿しないようにするには?

Q.063 LINE VOOMってどんな機能？

A. ショート動画が楽しめる動画プラットフォームです

LINEアプリの画面下部、真ん中に位置しているのが「LINE VOOM」です。写真や動画、テキストを投稿して、みんなと共有できます。

LINE VOOMとは

□LINE VOOMは自分の近況を共有できる機能

LINE VOOMは、動画や写真を共有するSNS的な機能です。トークとの違いは、VOOMの投稿が、LINEの全ユーザーに向けられるという点です。投稿を見てもらうには、友だちであっても「フォロワー」になってもらう必要があります。LINEの友だち関係は、VOOMではいったんリセットされて、フォロー／フォロワーの関係から始めます。友だちや家族とのつながりより、動画コンテンツを中心に交流を楽しむのが、LINE VOOMなのです。

□見せたくない人には投稿を見せない

VOOMでは、世界中の人と交流できますが、自分の投稿が知らない人に見られるのは困るということもあるでしょう。VOOMでは、投稿を公開するさいに、公開範囲を設定できます。あらかじめ投稿を公開する相手のリストを作っておくことも可能で、「友だち以外に見せたくない」または「特定の友だちにだけ投稿を見てもらいたい」といったときに投稿を使い分けることができます。

HINT　投稿に対して「いいね」やコメントを送ったり、ほかのユーザーとシェアしたりできます。

□24時間で自動的に消える「ストーリー」

VOOMの「ストーリー」を使うと、テキストやアバター、写真、動画などを組み合わせて、日常のできごとを投稿できます。通常の投稿とは別に、24時間だけ表示できるのが「ストーリー」の特徴です。期間限定かつ、LINEの友だちアイコンからも再生できるので、より日常的な投稿をするのに向いています。ストーリーは基本的に全体公開となりますが、自分をフォローしているユーザーやLINEの友だちのみに公開範囲を絞って公開することもできます。

□興味ないコンテンツは整理できる

VOOMには、LINEがおすすめするユーザーやインフルエンサーの投稿が表示される［おすすめ］と、フォローしているユーザーの投稿が表示される［フォロー中］の2つのタブがあります。最初に［フォロー中］タブを開いて、フォローの初期設定を行いましょう。これをすることで、［フォロー中］のタブに表示されるユーザーを整理できます。また［おすすめ］に表示されるユーザーや広告を非表示にするための、ブロックや非表示機能も用意しています。こまめに利用することで、表示されるコンテンツをある程度コントロールできます。

Column LINE VOOMは無効にできない

友だちでもないユーザーの動画が流れ続けるのがLINE VOOMです。連絡手段として子どもにLINEを使わせている場合、VOOMを見てほしくないという人もいるでしょう。2023年1月現在、VOOMを非表示にすることはできません。

HINT　ほかのユーザーからフォローされないようにする設定も用意しています。

Q. 064 友だちや気になるアカウントをフォローするには？

A. [VOOM] タブからフォローしましょう

友だちの投稿を見るには「フォロー」する必要があります。また、友だち以外のユーザーも「フォロー」することで投稿が表示されるようになります。

アカウントをフォローする

□フォローの初期設定を行う（初回のみ）

1 [VOOM] をタップ

2 [フォロー中] をタップ

3 [フォローの初期設定をしましょう！] をタップ

4 フォローする友だちを選択する

5 [次へ] をタップ

6 フォローする公式アカウントを選択する

7 [完了] をタップ

HINT フォローすると相手に通知が届きます。

8 ［確認］をタップ

フォローの設定が完了する

□気になるアカウントをフォローする

1 ［VOOM］をタップ

2 ［おすすめ］をタップ

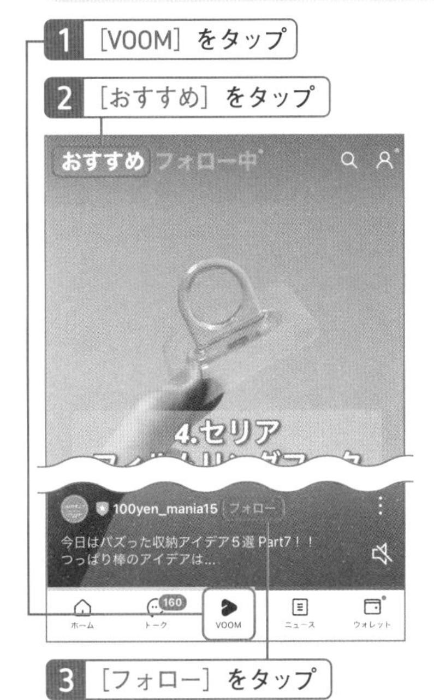

3 ［フォロー］をタップ

フォローできた

Check フォローを解除するには

投稿の右上にある⋮をタップして［〇〇のフォローを解除］をタップすれば、相手へのフォローを解除できます。

1 ⋮→［〇〇のフォローを解除］をタップ

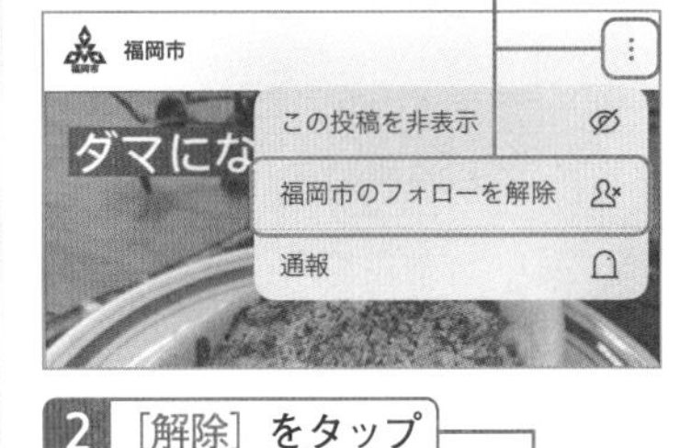

2 ［解除］をタップ

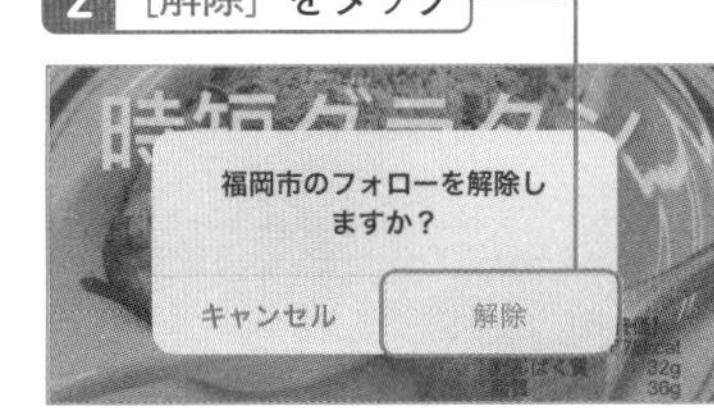

HINT ［設定］画面から［LINE VOOM］→［フォローリスト］を開いて、フォロー／フォロワーを管理することもできます。

Q.065 近況を投稿して公開するには？

A. LINE VOOMに投稿することでフォロワーや友だちに向けて近況を公開できます

LINE VOOMは、フォロワーや友だちに近況を伝えることができる機能です。Twitterや Facebookのようにテキストや写真などを投稿できます。

LINE VOOMへの投稿

□LINE VOOMに投稿する

1 ［VOOM］をタップ

2 ［フォロー中］をタップ

3 ［+］をタップ

4 ［写真・テキスト］をタップ

最初に公開範囲を決める

5 ［全体公開］をタップ

6 公開したい範囲をタップ

7 ［×］をタップ

8 投稿する内容を入力

9 写真や動画を投稿する場合は をタップ

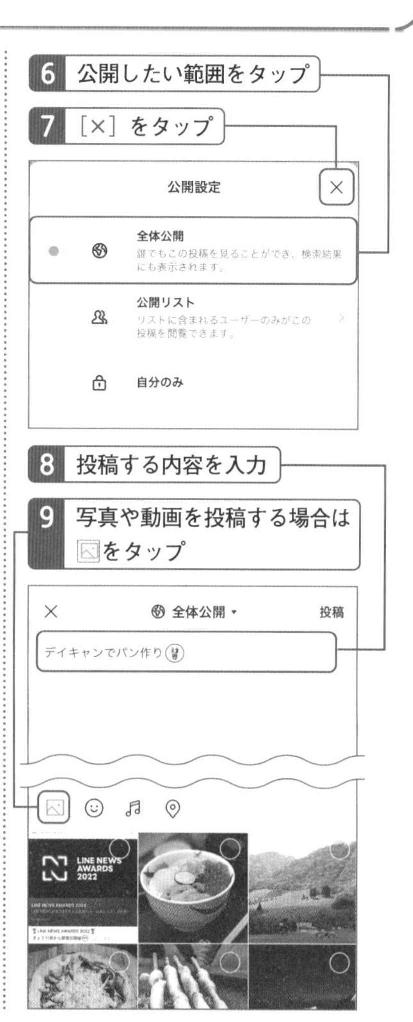

HINT LINE VOOM投稿の文章には1万字まで入力可能です。

10 投稿する写真をタップ（20個まで選択可能）

11 ［投稿］をタップ

LINE VOOMに投稿される

Column 公開範囲について

VOOMでは、投稿の公開範囲を選ぶことができます。「全体公開」は誰でも見ることができるので、不特定多数の人に見てほしいときに使います。逆に友だちにだけ見てもらえればいい内容は「公開リスト」で投稿します。公開する友だちを選ぶことも可能です（P.152）。ほかには、下書きやメモ代わりに使える「自分のみ」が選べます。「自分のみ」を選んで投稿した場合、［フォロー中］タブではなくプロフィール画面の「LINE VOOM投稿」に表示されます。

HINT 写真や動画、スタンプなどを最大20個投稿できます。

□特定の友だちに対して投稿を非公開にする

1 「LINE VOOMに投稿する」の**6**で［公開リスト］をタップ

2 ［LINE友だち］をタップ

3 右横にある［>］をタップ

4 非公開にしたい友だちの左横の⊖をタップし、右横の［削除］をタップ（Androidは⊖のタップのみ）

必要なだけ**4**の操作を繰り返す

5 ［保存］をタップ

Column 新しい公開リストを作成する

2で［リストを追加］をタップすると、新しい公開リストを作成できます。「友だち用」「家族用」など目的に合わせてリストを使いわけるのに便利です。

Check 非公開にした友だちを公開に戻す

非公開にした友だちを公開に戻したい場合は、**4**で［ユーザーを追加］をタップします。

HINT 公開／非公開はいつでも切り替えることができます。

Q.066 LINE VOOMが見にくいときはどうしたらいい?

A. LINE VOOMの内容を整理しましょう

LINE VOOMには、LINEがおすすめするユーザーや広告などさまざまなコンテンツが表示されます。興味のないコンテンツが表示されないようカスタマイズできます。

≫ 表示したくないコンテンツを制御する

□投稿を非表示にする

1 非表示にしたい投稿の⋮をタップ

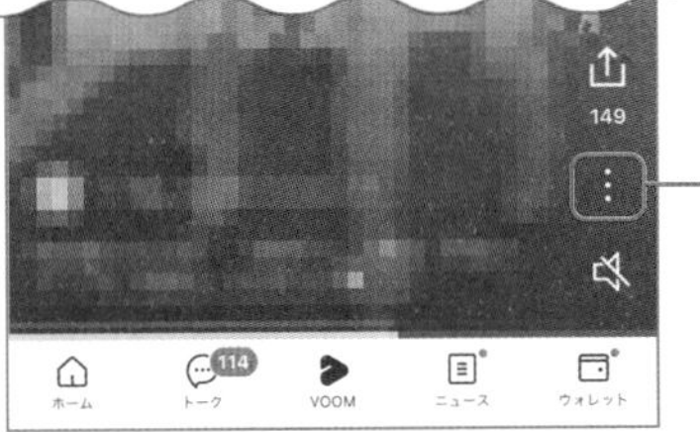

2 ［興味なし］をタップ

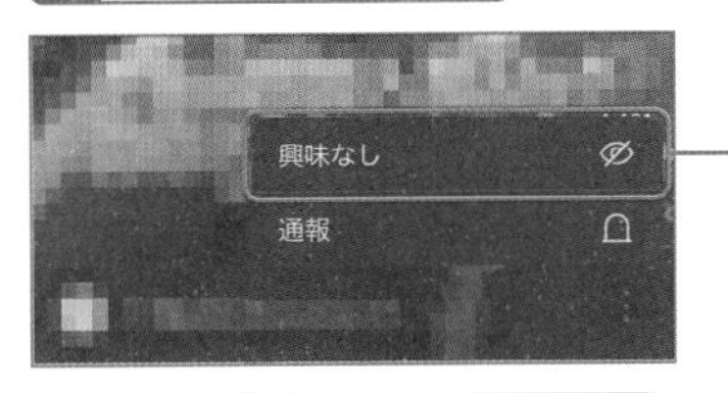

3 ［非表示］をタップ（初回のみ）

投稿が非表示になる

□アカウントをブロックする

1 アカウントのアイコンをタップ

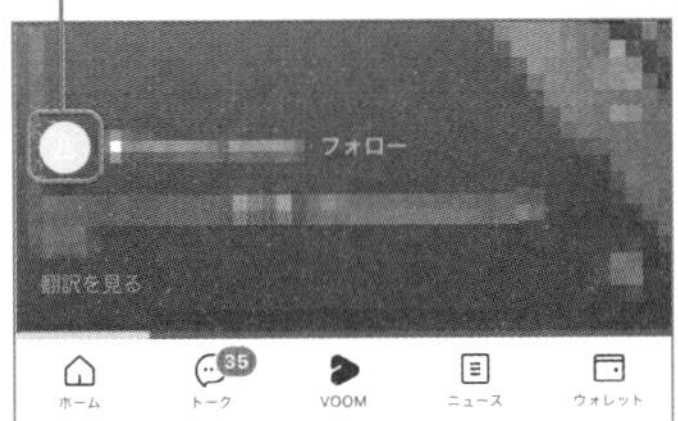

2 ⋮をタップ

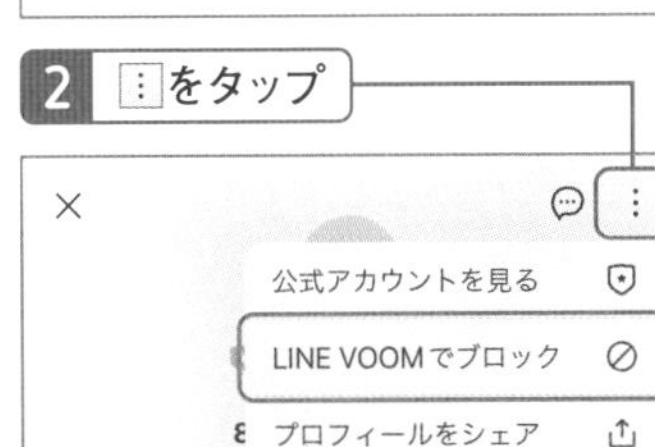

3 ［LINE VOOMでブロック］をタップ

HINT　［設定］画面→［LINE VOOM］で非表示リスト、ブロックリストを編集できます。

4 [ブロック] をタップ

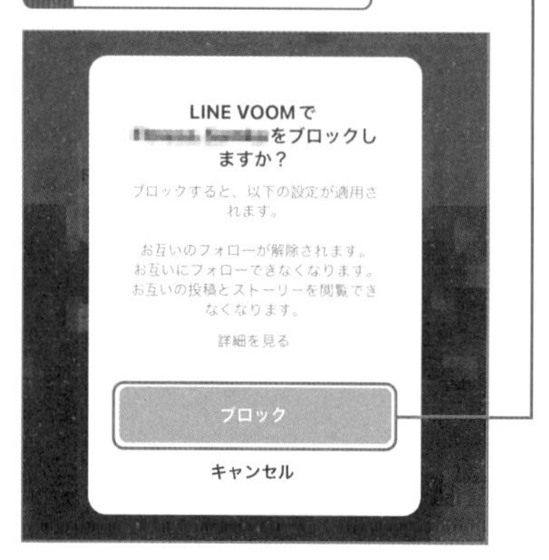

5 [OK] をタップ

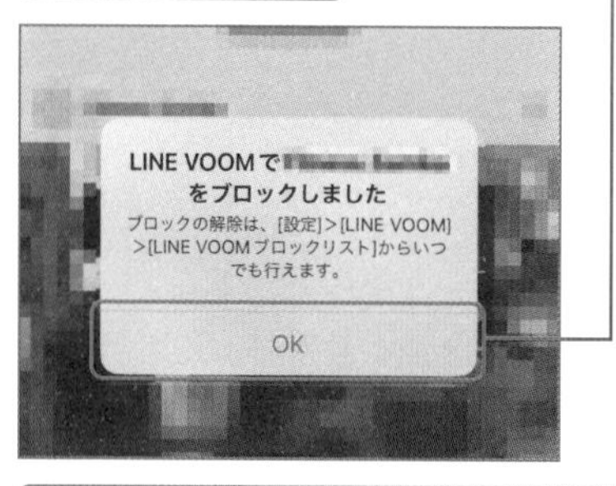

ブロックしたアカウントのすべての投稿が非表示になる

Column 非表示とブロックの違い

投稿を非表示にしても、同じアカウントのほかの投稿が表示されることはあります。ブロックすることで、そのアカウントの投稿すべてが以後表示されなくなります。非表示では不十分なときに活用しましょう。

広告を非表示にする

1 非表示にしたい広告の⋮をタップ

2 [この広告を非表示] をタップ

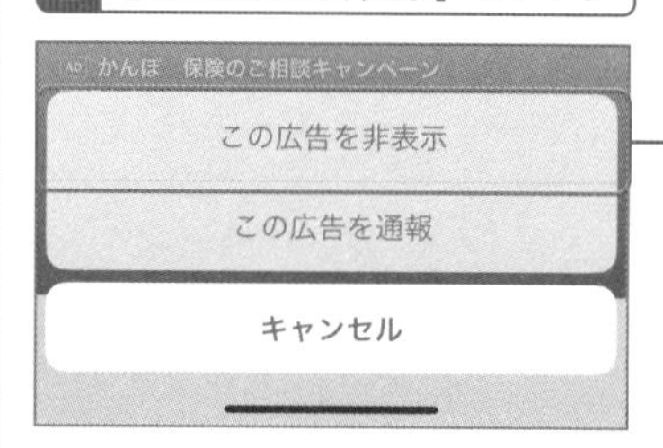

3 非表示にする理由を聞かれるので回答する

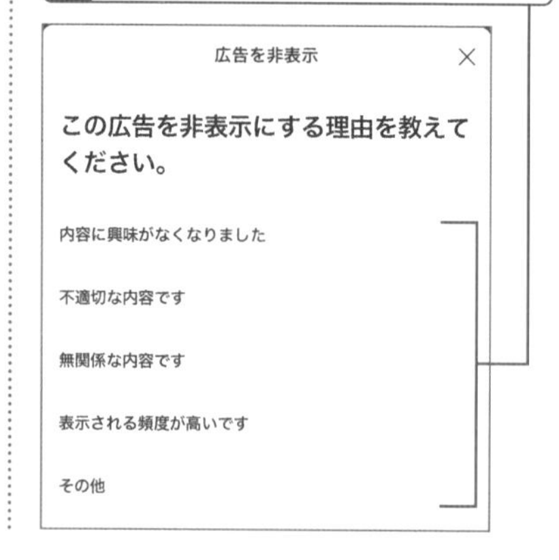

HINT 広告やおすすめを無効にすることはできません。

Q. 067

LINE VOOMの投稿を削除するには？

A. 自分で投稿した内容は いつでも編集・削除できます

間違えて投稿してしまったときは、いつでも削除できます。また公開設定を間違えてしまったときや内容を編集したいときもあとから変更が可能です。

» LINE VOOMの投稿の削除

1 削除したい投稿の⋮をタップ

2 ［投稿を削除］をタップ

3 ［削除］をタップ

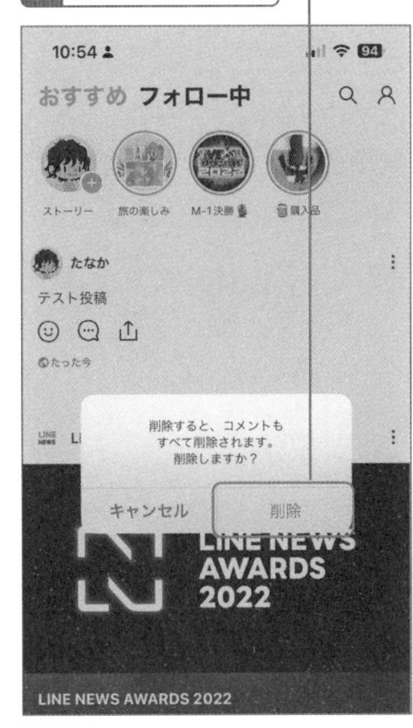

投稿が削除される

Check 投稿の編集方法

投稿の内容や公開設定を変更したいときは、**2**で［投稿を修正］や［公開設定を変更］をタップすると変更できます。

HINT 投稿を削除すると「いいね」やコメントも削除されます。

Q.068 友だちの投稿にリアクションを送るには？

A. 「いいね」を押したり、スタンプやコメントでリアクションを送れます

フォローしている友だちの投稿をチェックして、「いいね」やコメントを投稿してみましょう。気軽に相手とコミュニケーションが楽しめます。

さまざまなリアクションの送信方法

「いいね」を送る

［フォロー中］タブの投稿を表示しておく

1 ☺を長押しする

2 投稿したいアイコンをタップ

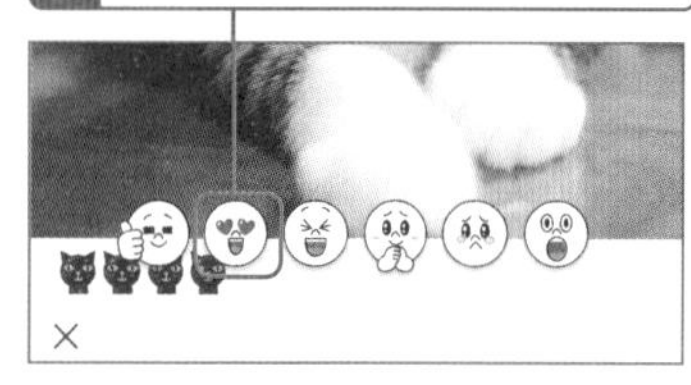

「いいね」が投稿される

コメントやスタンプを送る

［フォロー中］タブの投稿を表示しておく

1 ⊡をタップ

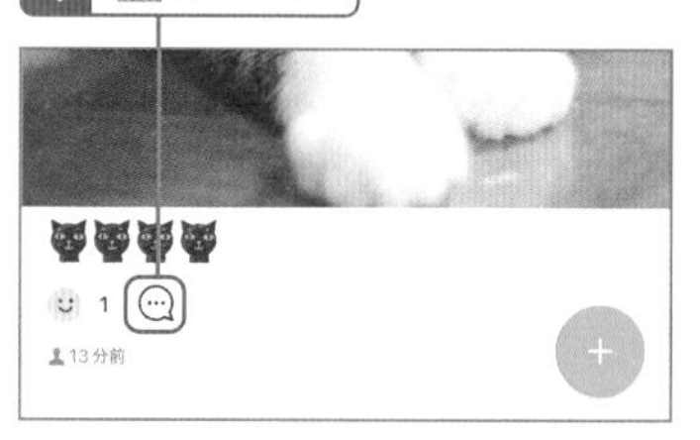

2 コメントまたはスタンプを入力

3 ▶をタップ

コメントやスタンプが送信される

HINT 「いいね」やコメントを送ると相手に通知が届きます。

Q.069 ストーリーを投稿するには？

A. プロフィール画面からストーリーを投稿できます。

動画や写真・テキストを使って日常の1シーンをシェアできるのが「ストーリー」です。24時間で消えるため、手軽に使ってみましょう。

» ストーリーの投稿

□ストーリーを投稿する

1 [ホーム] を開いて自分のアイコンをタップ

たなか
生ドーナツがマイブーム
BGMを設定

2 [ストーリー] をタップ

3 画面下部の [テキスト] [アバター] [写真] [動画] のいずれかをタップ (ここでは [写真] を選択)

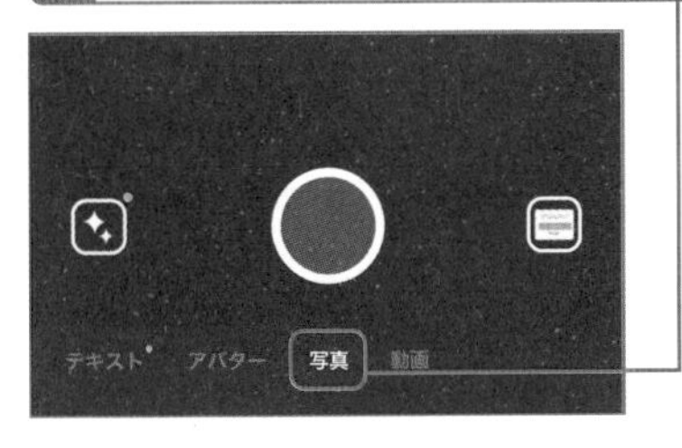

4 画面下部のシャッターボタンをタップして撮影、または右下のサムネイルをタップして写真を読み込む

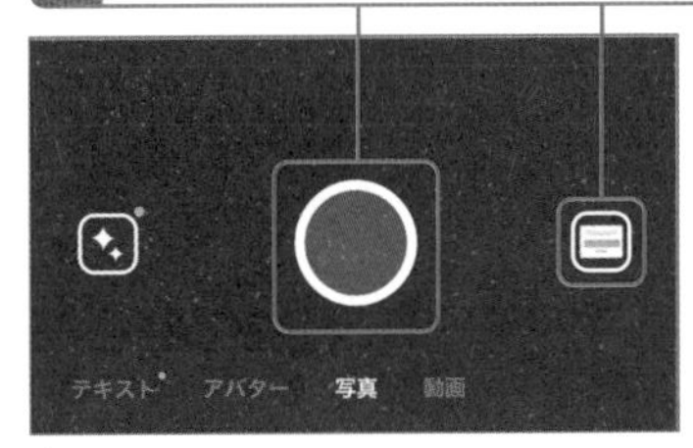

5 [全体公開] をタップして公開範囲を設定

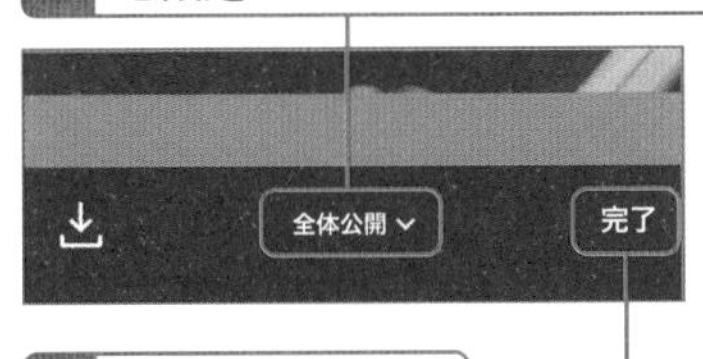

6 [完了] をタップ

Check フィルターを使う

写真を撮影するときは、シャッターボタン左の アイコンをタップしてからシャッターボタンを左右にスライドさせることで、さまざまなフィルターをかけながら撮影できます。撮影後に写真を加工することもできます。

HINT ストーリーを投稿すると、自分をフォローしている相手に通知が届きます。

ストーリーが投稿される

□投稿時に写真や動画を加工する

「ストーリーを投稿する」の5までおこなっておく

1 画面右の各アイコンをタップ

Tをタップすると文字を挿入できる

写真ならスタンプを挿入したり手書きで文字などを書いたりできる

Check 加工が終わったら

加工が終わったら画面右上の［完了］をタップして完了させましょう。

Column 閲覧履歴を見る

自分のストーリーを表示すると閲覧履歴が画面左下に表示され、タップすると、投稿された「いいね」などを確認できます。ただし、閲覧した友だちを確認できるのは、ストーリーが公開されている24時間以内になります。

HINT 公開範囲では特定の友だちに非公開にすることや友だちリストが利用可能です。

□過去に投稿したストーリーを見る

投稿したストーリーは24時間後に削除されますが、プロフィール画面から［LINE VOOM投稿］を開いて［写真・動画］タブに切り替えるとまとめて見ることができます。

1 プロフィール画面で［LINE VOOM投稿］をタップ

□ストーリーを削除する

自分が投稿したストーリーを表示しているときに⋮をタップして［削除］を選ぶとストーリーを削除できます。

Column ストーリーとVOOM投稿の使い分け

ストーリーは24時間限定で公開するものなので、親しい人と盛り上がるのに向いています。また、いつまでも残ってしまうVOOMに対して、ストーリーならあまり考えずに投稿できるのがいいと考えている人も多いようです。VOOMがみんなの前での発言とすると、ストーリーは親しい友だちの前で口にするつぶやきのようなものと考えるといいかもしれません。

HINT 自分以外の、24時間以上経ったストーリーは見られません。

Q.070 ストーリーを誤って投稿しないようにするには？

A. プロフィールを更新するとき、[ストーリーに投稿] のチェックを外します

プロフィールのアイコンや背景画像を変更すると、ストーリーにも投稿されてしまいます。これは投稿時にオフにすることもできます。

意図しないストーリーへの投稿防止

P.034などを参考にプロフィールのアイコンや背景画像の変更画面を表示して、画像を読み込む

1 [ストーリーに投稿]のチェックを外す

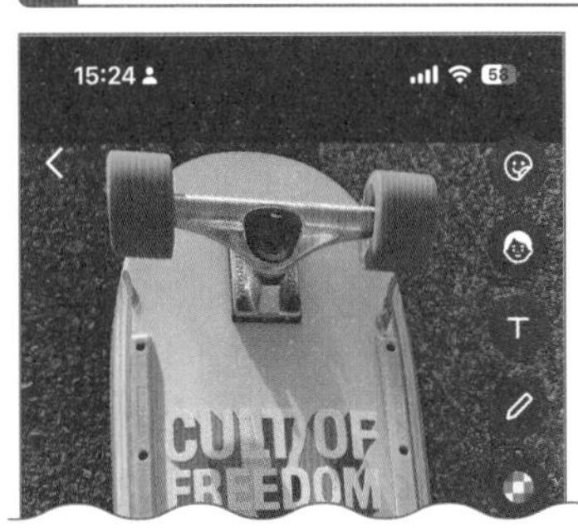

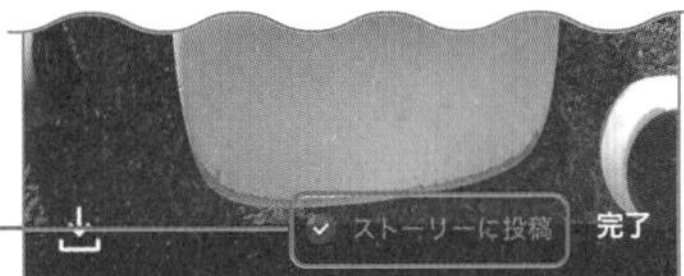

2 [完了] をタップ

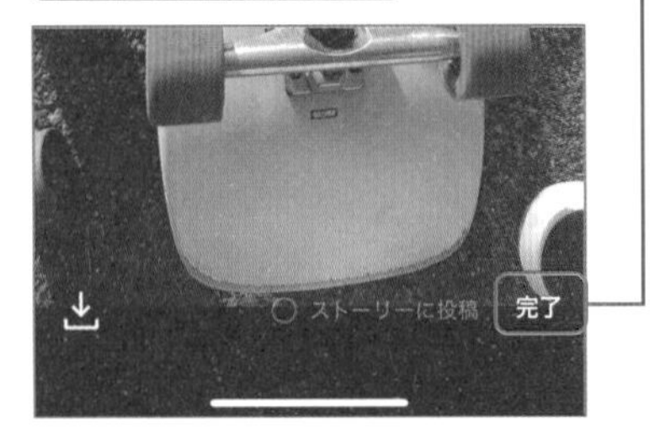

ストーリーに投稿せずプロフィールを更新できる

Column [ストーリーに投稿] があるところ

[ストーリーに投稿] は、プロフィールのアイコン画像と背景画像のほかに、ステータスメッセージを変更するときにも表示されます。いずれも一度チェックを外してオフにすれば、設定が保持されるので間違って投稿することはなくなります。

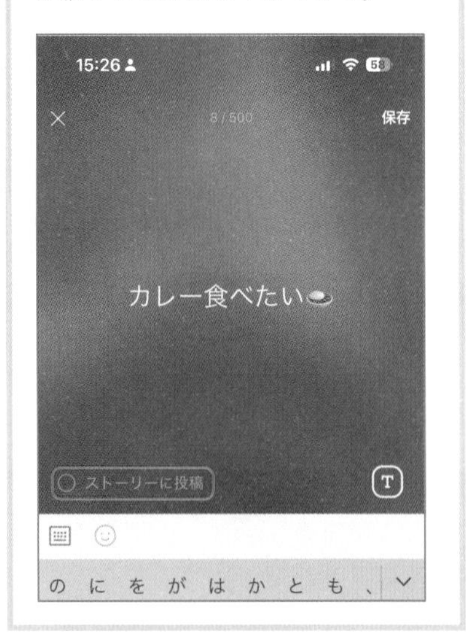

HINT 間違って投稿してしまったストーリーは削除することができます（P.159）。

8章

LINEをさらに活用しよう

- 通話の着信音や通知音を変更したりオフにするには?
- トークルームの背景を変えるには?
- トークルームの文字サイズは変更できる?
- LINEの画面を着せかえるには?
- 持っているスタンプや絵文字を簡単に探すには?
- プロフィールをデコレーションするには?
- メールアドレスの登録って必要?
- パソコンやタブレットでもLINEが使えるの?
- クロネコヤマトの荷物追跡や再配達依頼をLINEでできるの?
- 天気予報や防災速報を自動で受け取るには?
- その日のニュースを気軽に見るには?
- LINEでビデオ会議をするには?
- トーク履歴をバックアップ・復元するには?
- 機種変更などの際にアカウントを引き継ぐには?
- メールアドレスやパスワードを忘れてしまった場合は?
- LINEをやめたくなった場合アカウントを削除するには?
- LINEがうまく動かないときは?
- データ通信量やストレージ容量をおさえたいときは?

Q.071 通話の着信音や通知音を変更したりオフにするには？

A. 設定画面で通知音のオン／オフや通知音の設定を変更できます

メッセージが届くときのサウンドや通話の着信音は、ほかの人とかぶりやすいです。好きなサウンドに変更して勘違いを少なくしましょう。

着信音や通知音の変更

メッセージの通知音を変更する(iPhone)

1 ［ホーム］をタップ

2 ⚙をタップ

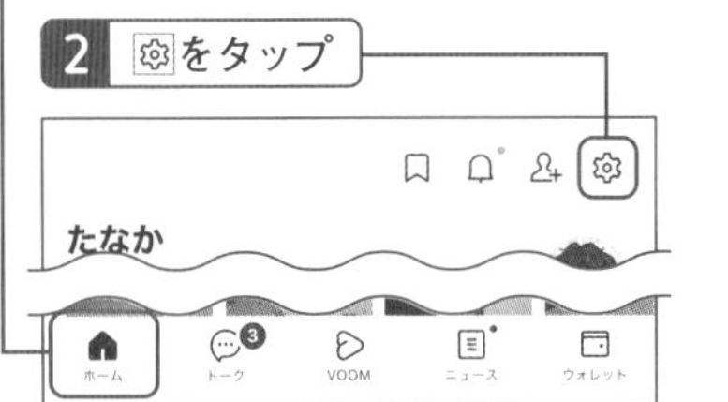

3 ［通知］をタップ

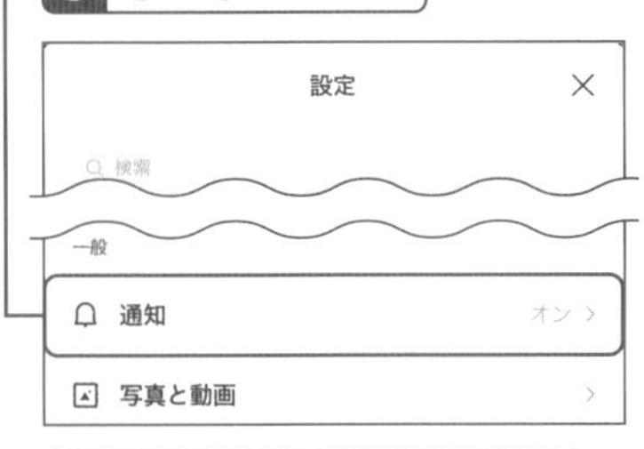

4 ［通知サウンド］をタップ

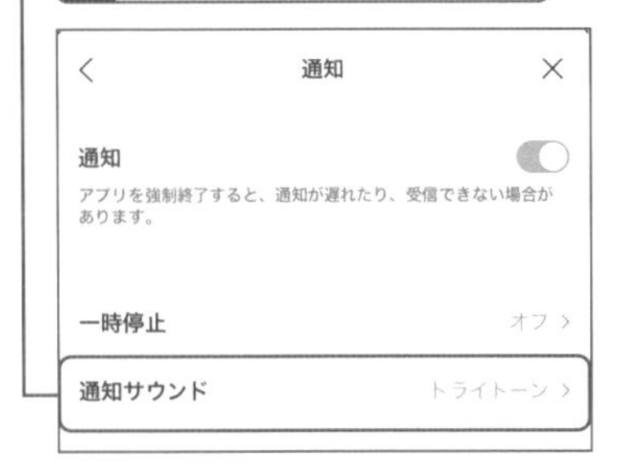

5 視聴しながら好みのサウンドをタップ

6 ［×］をタップして完了

メッセージの通知音を変更する(Android)

「メッセージの通知音を変更する(iPhone)」の3までおこなう

1 ［通知設定］をタップ

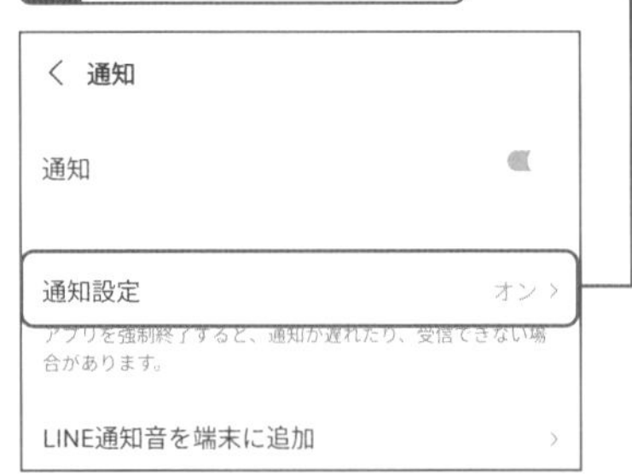

HINT 4の画面で通知のオン／オフを設定できます。

2 ［メッセージ通知］をタップ

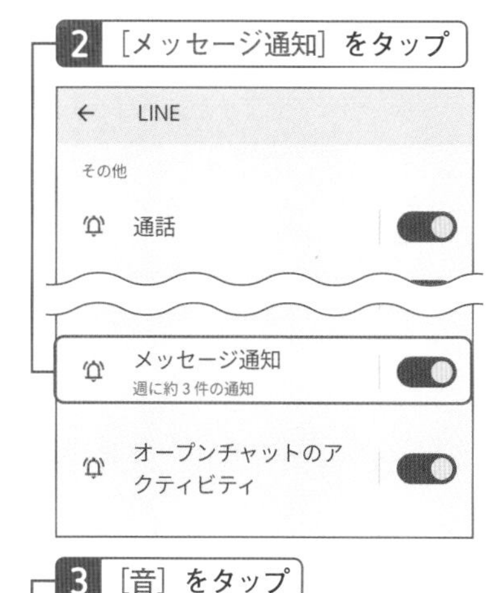

3 ［音］をタップ

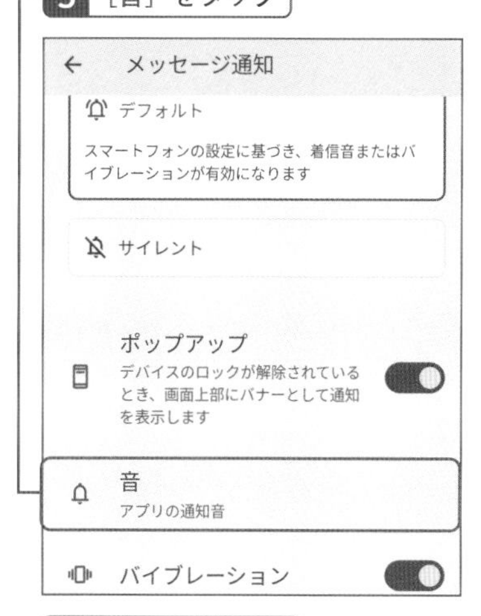

4 カテゴリを選ぶ

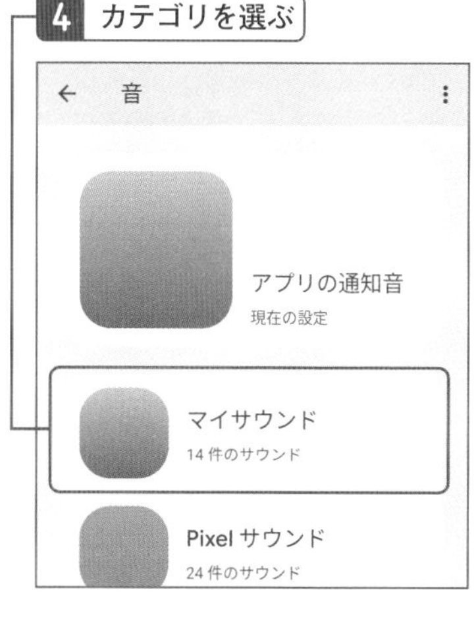

5 好みの通知音をタップ

6 ［保存］をタップ

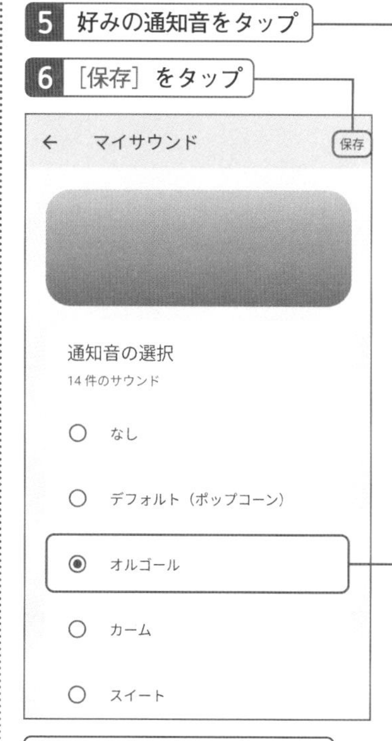

選択した通知音が設定される

□無料通話の着信音を変更する

1 ［ホーム］をタップ

2 ⚙をタップ

HINT ［通知］の［一時停止］では通知を一時的にオフにできます。

3［通話］をタップ

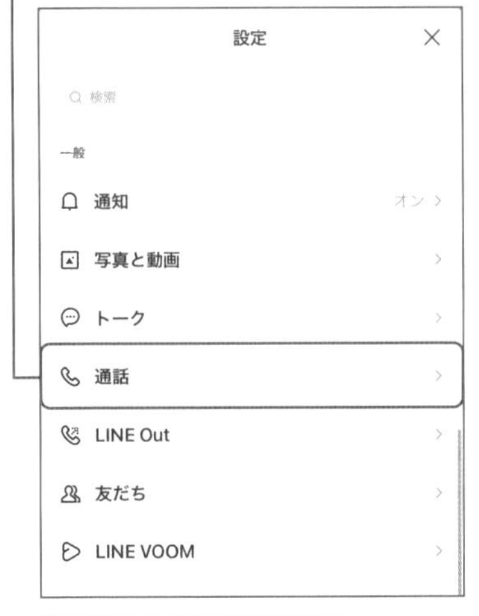

4［着信音］をタップ

5 サウンドをタップすると試聴できる

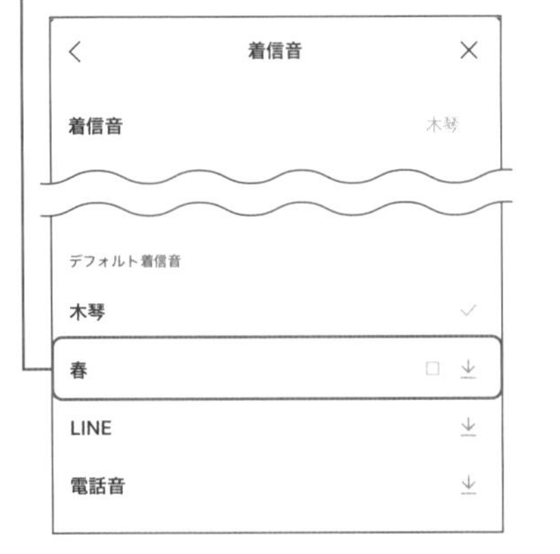

6 ⤓をタップして着信音を変更

7［×］をタップして完了または［<］をタップして前の画面に戻る

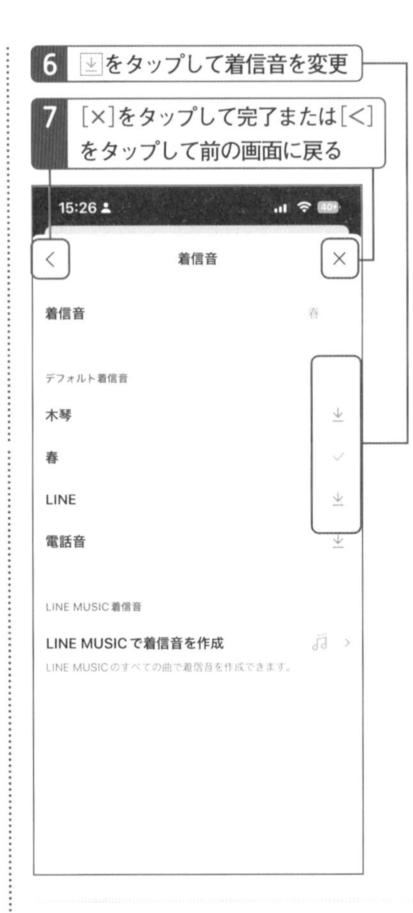

Check LINE着うたを着信音にする

LINE MUSICを利用しているなら、**5**の画面の［LINE MUSICで着信音を作成］から好きな音楽で着信音や呼出音を作ることができます。

HINT LINE MUSICは、定額制の音楽配信サービスです。1ヶ月無料で試用できます。

トークルームの背景を変えるには？

A. [設定] の [トーク] の [背景デザイン] から変えられます

LINEにはトークルームに表示する背景が数種類用意されています。自分の好きな背景デザインに変更して、トークを楽しみましょう。

トークルームの背景の変更

□トークルームの背景をまとめて変更する

1 [ホーム] をタップ

2 ⚙をタップ

3 [トーク] をタップ

4 [背景デザイン] をタップ

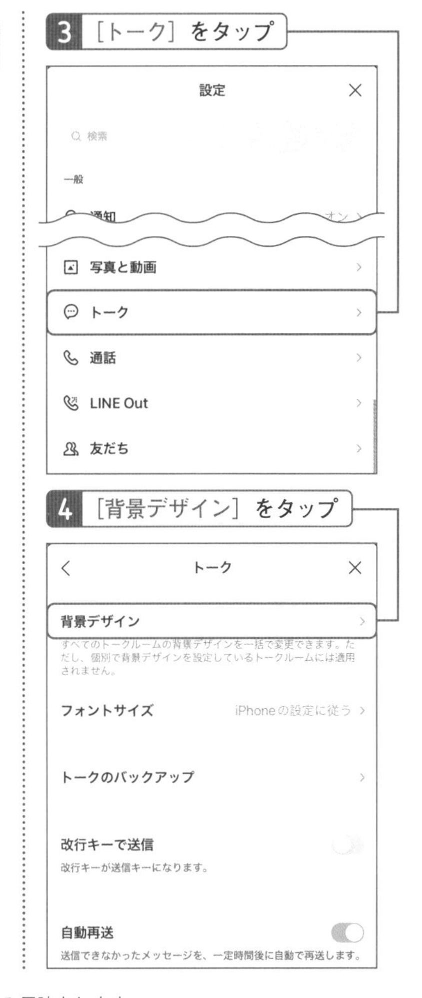

HINT 背景の変更は自分のトークルームでのみ反映されます。

5 好きな背景を選ぶ

6 ［適用］をタップ

7 ［×］をタップして完了または［<］をタップして前の画面に戻る

トークルームの背景が変更される

HINT ❺の画面で［カラー］を選ぶと単色またはグラデーションの壁紙を使えます。

Column 好きな写真を背景に使う

「トークルームの背景をまとめて変更する」の5の［自分の写真］では、その場で撮影した写真やスマートフォンの写真も背景に設定できます。選んだ写真に対して、切り取りやフィルターの適用などの加工も可能です。

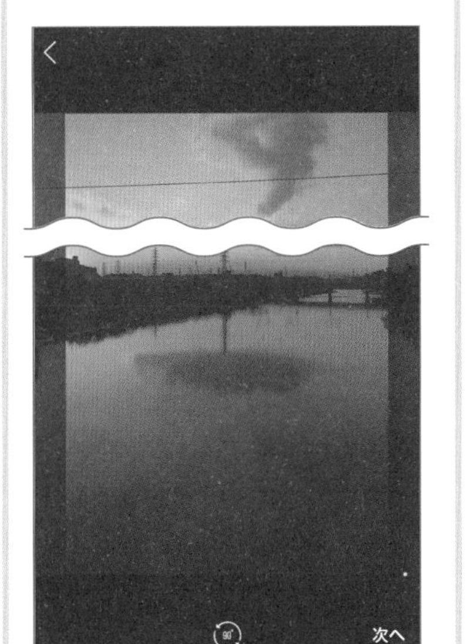

□トークルームごとに背景を変更する

1 トークルーム右上の☰をタップ

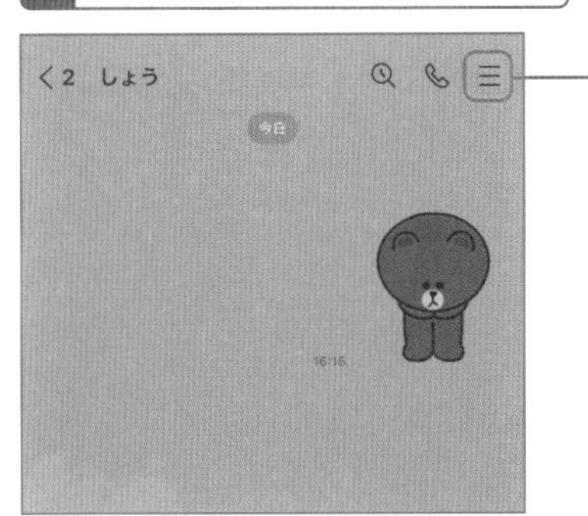

2 ［その他］をタップ

3 ［背景デザイン］をタップ

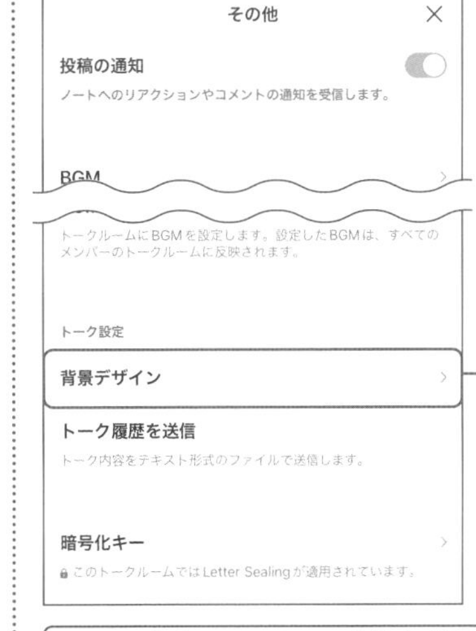

好きなデザインを選んで背景を変更する

Check まとめて変更したいときは注意

トークルームの背景を個別に変更していると、まとめて背景を変更しても反映されません。

HINT　LINEアプリ全体の画面のデザインを変えたいときは「着せかえ」(P.169) を使います。

Q.073 トークルームの文字サイズは変更できる?

A. 文字サイズは4段階の大きさに設定できます

トークルームの文字を見やすくしたい、一度に表示するメッセージを増やしたいといったときは、フォントサイズを変更しましょう。4段階で調節できます。

文字サイズの変更

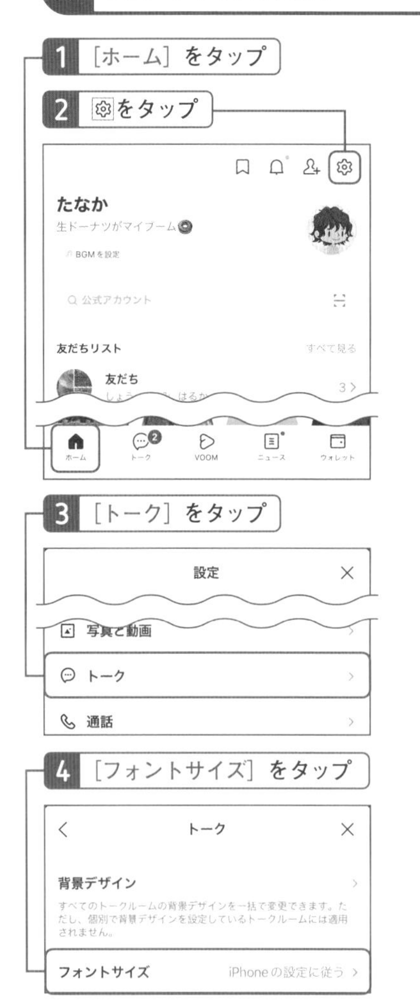

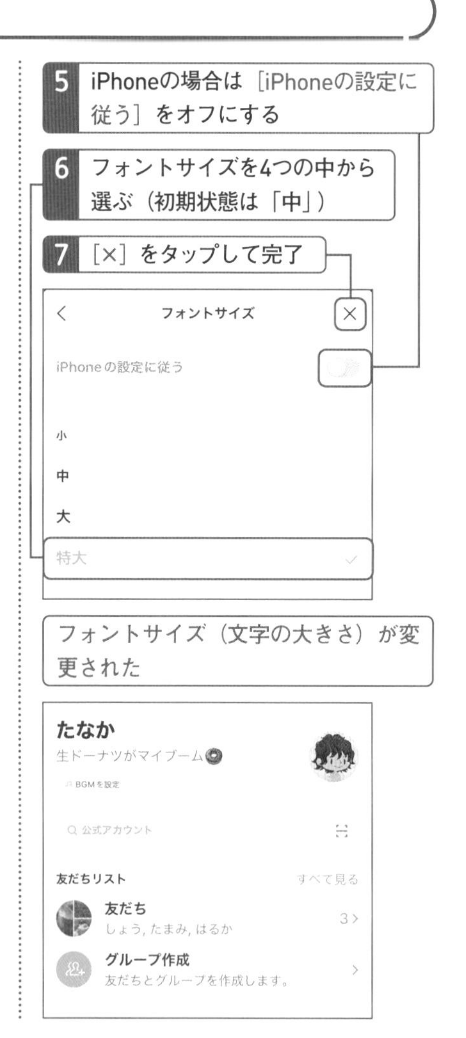

HINT 設定したフォントサイズはトークルームでも反映されます。

LINEの画面を着せかえるには？

A. 「着せかえショップ」でLINEの画面を好みのスタイルに変えてみましょう

「着せかえ」をすると、トークの背景を含めてLINEの見た目を大きく変更できます。着せかえショップではたくさんの着せかえを用意しています。

LINEの画面の着せかえ方法

□LINEの画面を着せかえる

1 ［ホーム］をタップ

2 ［着せかえ］をタップ

着せかえショップが開く

3 ［おすすめ］をタップ

4 好みの無料着せかえをタップ

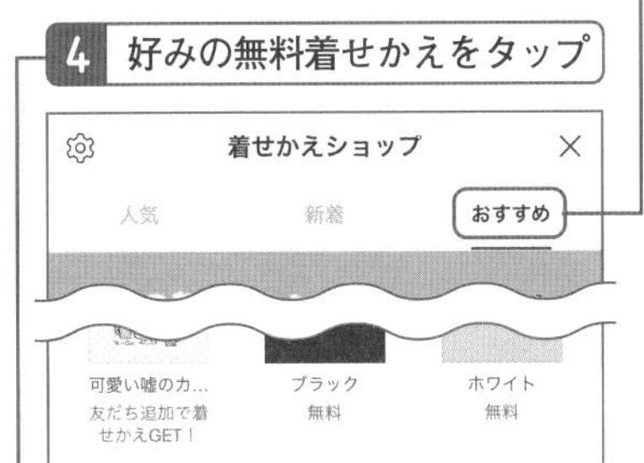

5 ［ダウンロード］（または［適用する］）をタップ

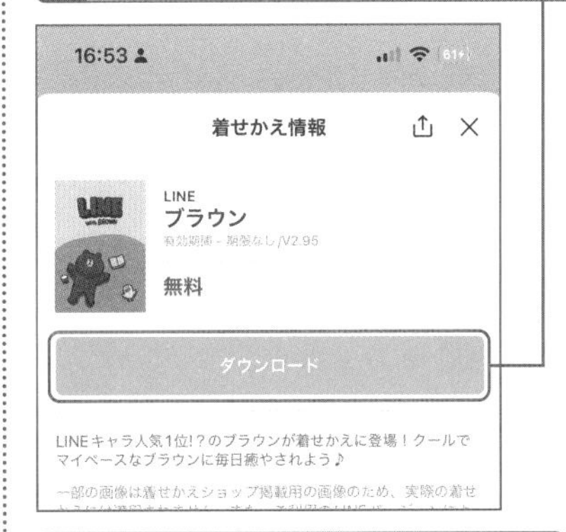

6 この画面が表示されたら［あとで］をタップ

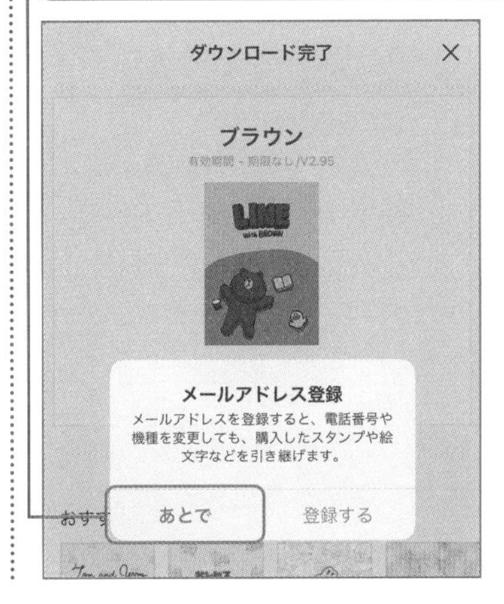

HINT　友だち追加などの条件を達成することで入手できる無料着せかえもあります。

7 ［今すぐ適用する］をタップ

着せかえが適用される

8 ［×］をタップ

標準のテーマに戻す

着せかえショップを開く

1 ⚙をタップ

Check 着せかえショップとは

着せかえショップには、さまざまな着せかえテーマが用意されています。入手の方法はスタンプと同じです。ほとんどは有料ですが、「おすすめ」コーナーで数種類の無料の着せかえをダウンロードできます。

2 ［マイ着せかえ］をタップ

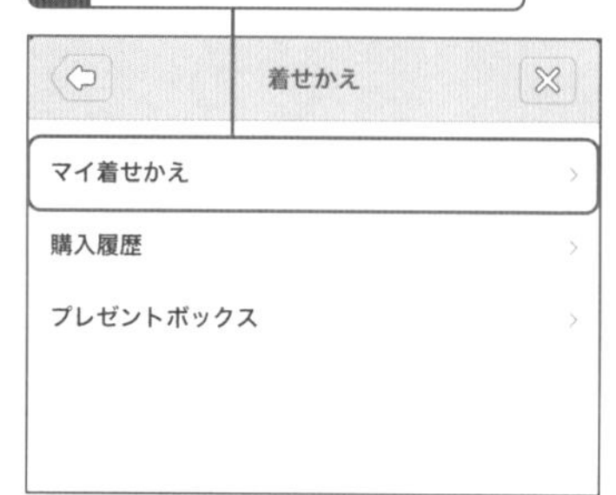

3 「基本」の［適用する］をタップ

着せかえが基本に戻る

Column トークルームの背景を変更している場合

トークルームの背景を変更（P.165）していると、背景に着せかえが適用されません。着せかえの設定で統一したいときは、［ホーム］の⚙→［トーク］（個別に変更している場合はトークルームの☰→［その他］）をタップし、［背景デザイン］を開いて［現在の着せかえ背景を適用］をタップしてください。

HINT 着せかえは、通常変更できないアイコンなども変えることができます。

持っているスタンプや絵文字を簡単に探すには？

A. 「カテゴリータブ」でシチュエーションに合ったスタンプを見つけましょう

たくさんのスタンプをまんべんなく使いたい人におすすめなのが、「カテゴリータブ」です。ぴったりのスタンプがかんたんに見つかります。

カテゴリータブを利用する

トーク画面を開き、スタンプ選択画面を表示しておく

1 [#]をタップ

2 カテゴリーを選ぶ（ここでは［ありがとう］をタップ）

カテゴリーに分類されたスタンプと絵文字が表示される

3 送りたいスタンプをタップ

4 ▶をタップ

Check サジェスト表示から選ぶ

メッセージを入力中、スタンプや絵文字が候補に表示されることがあります。「サジェスト表示」が有効になっているためで、ここからスタンプや絵文字をタップして送信することもできます。

HINT　カテゴリーには新しく購入したスタンプや絵文字も自動的に分類されます。

Q.076 プロフィールをデコレーションするには？

A. 「デコ」機能を使ってプロフィールの背景をにぎやかに飾ることができます

デコ機能を使うと、プロフィールに動きのある背景（テーマ）やスタンプ、SNSへのリンクなどを配置して、友だちみんなに見てもらうことができます。

プロフィールをデコレーションする

1 ［ホーム］をタップ

2 自分のアイコンをタップ

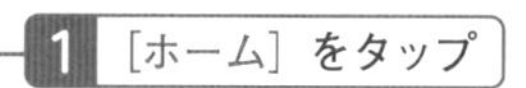

3 ［デコ］をタップ

4 デコレーションの種類を選んでタップ（ここでは■を選択）

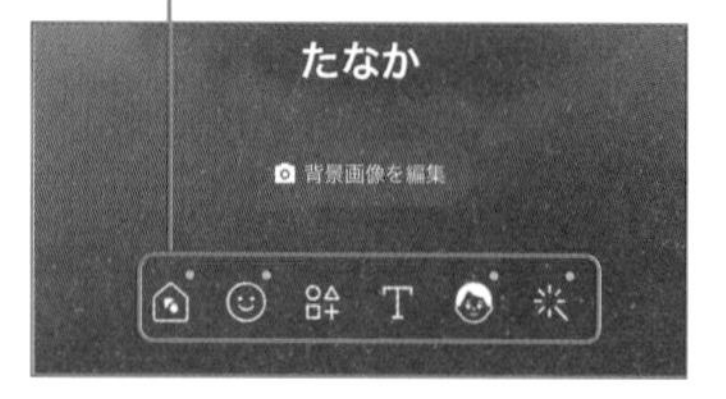

5 好きな素材を選んで背景に設定する

6 スタンプやテキストなどはドラッグして好きなところへ移動する

7 編集を終えたら［保存］をタップして保存する

 HINT スタンプやテキストなどは同時に複数個配置できます。

プロフィールが更新される

Check デコレーションを削除する

プロフィールの編集中に、［すべて削除］をタップすると設定したデコレーションをまとめて削除できます。

Check デコ機能の種類

デコレーションでは、アニメーション付きの背景（テーマ）のほか、記念日までのカウントダウンを表示する「カウント」や、写真のコラージュに使える「写真フレーム」、SNSのリンクを貼り付けられる「SNSリンク」や「手書きマーカー」などのさまざまな機能が用意されています。

手書きマーカー

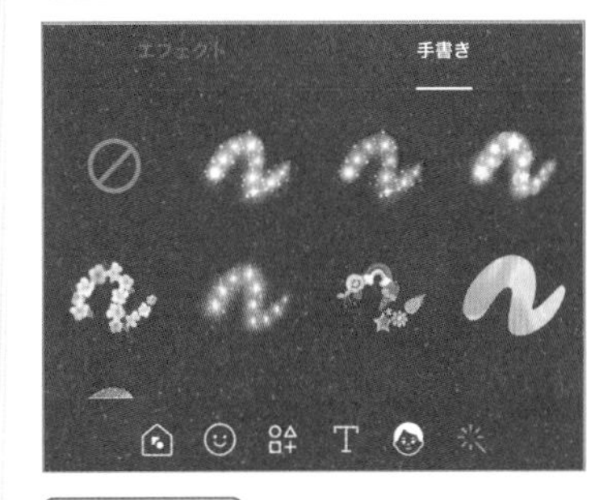

SNSリンク

テキスト

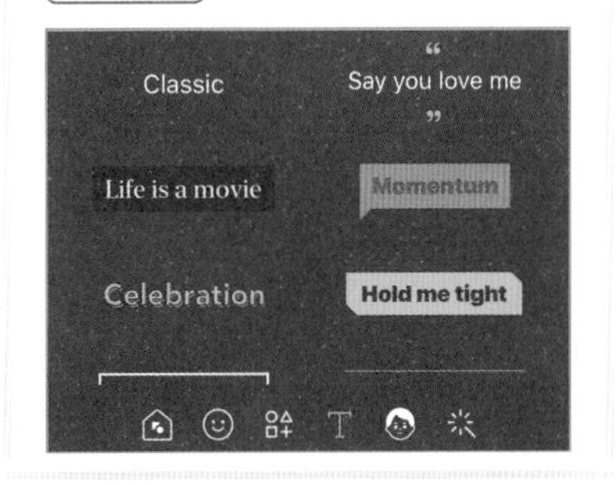

基本
友だち
トーク・通話
スタンプ
プライバシー
グループ
VOOM
さらに活用
非常時

HINT アバターは、LINEミーティング（P.185）などでも使うことができます。

メールアドレスの登録って必要？

A. パスワードを忘れたときに再設定したり、パソコン版LINEにログインしたりするのに必要です

LINEにメールアドレスを登録しておきましょう。アカウント引き継ぎの際にパスワードを忘れても再設定できます。

≫ メールアドレスの登録

□メールアドレスを登録する

1 ［ホーム］をタップ

2 ⚙をタップ

たなか
生ドーナツがマイブーム
おすすめのオープンチャット　もっと見る
ホーム　トーク　VOOM　ニュース　ウォレット

3 ［アカウント］をタップ

5 メールアドレスを入力

6 ［次へ］をタップ

HINT　登録完了後は、4の［メールアドレス］をタップしてメールアドレスをいつでも変更できます。

7 5で入力したメールアドレスに送られてきた認証番号を入力

メールアドレスが登録された

Check パスワードは初期設定時に登録済

パスワードはLINEアカウント登録時に登録したものです。［パスワード］をタップすると変更できます（P.196）。

Column 登録するメールアドレスは何がいい？

基本的にどんなメールアドレスでも登録できます。ただし、別の通信キャリアへの機種変更時に使えなくなるキャリアメール（NTTドコモ、au、ソフトバンク、楽天モバイルなど）は避けたほうがよいでしょう。

Column Facebookアカウントと連携する

メールアドレスを登録する代わりに、Facebookのアカウントと連携しておいても引き継ぎが行えます。［アカウント］画面の「Facebook」右横の［連携する］ボタンをタップしたあと、Facebookのログイン画面が表示されるので、Facebookアカウントを入力してログインします。なお、iPhoneのみApple IDと連携することもできます。

HINT メールアドレスはパソコン版のLINEやWeb版のLINE STOREにログインするときにも使います。

パソコンやタブレットでもLINEが使えるの？

A. パソコンまたはタブレット向けのアプリをインストールすれば使えます

パソコンやタブレットで作業することが多いなら、それぞれでLINEを使えるようにしておくと、メッセージのやりとりがさらにスムーズになります。

» パソコン版LINEを利用する方法

□準備すること

○準備1

スマートフォンのLINEアプリの［設定］画面で［アカウント］を開いて、「ログイン許可」のオプションをオンにしておきます。

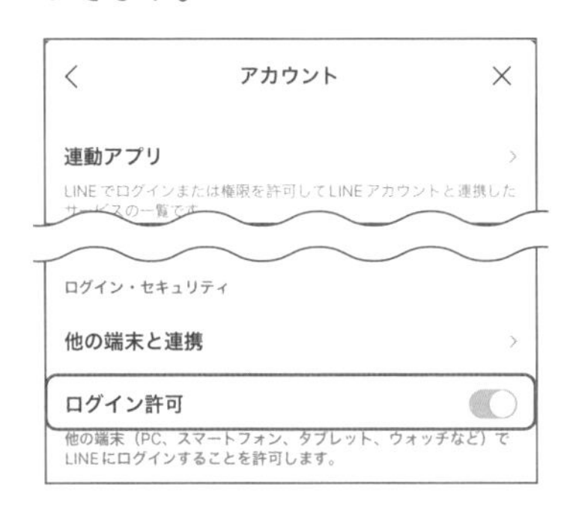

○準備2

macOSは「App Store」、Windowsは「Microsoftストア」からパソコン版LINEアプリを入手してインストールしておきます。

□パソコン版LINEを使用する

1 パソコン版のLINEアプリを起動

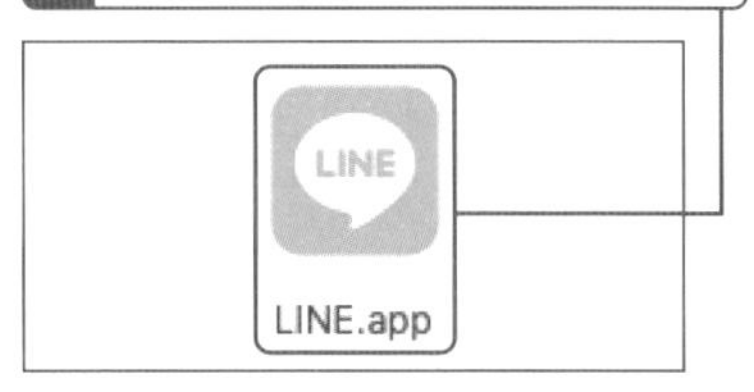

2 LINEに登録したメールアドレスとパスワードを入力

3 ［ログイン］をクリック

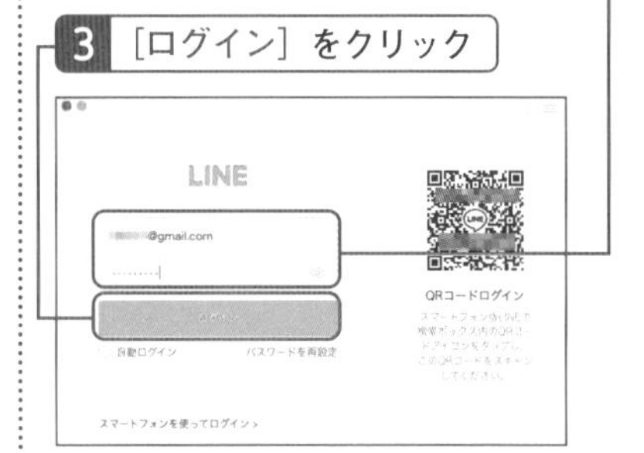

本人確認用のコードが表示される

HINT　メールアドレスを登録していない場合はQRコードでログインできます。

4 スマートフォンのLINEにコードを入力

5 ［本人確認］をタップ

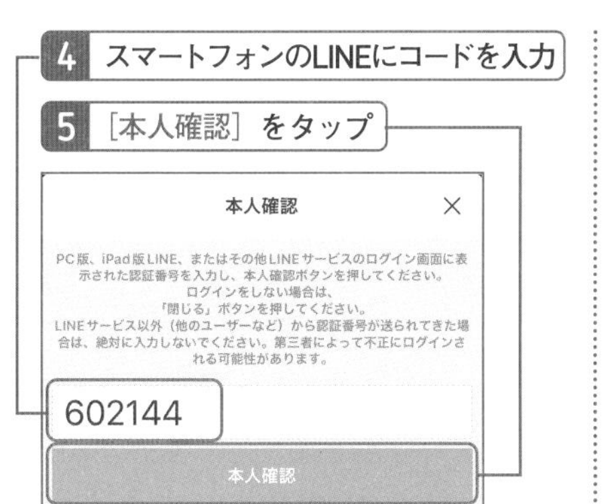

本人確認
PC版、iPad版LINE、またはその他LINEサービスのログイン画面に表示された認証番号を入力し、本人確認ボタンを押してください。
ログインをしない場合は、
「閉じる」ボタンを押してください。
LINEサービス以外（他のユーザーなど）から認証番号が送られてきた場合は、絶対に入力しないでください。第三者によって不正にログインされる可能性があります。
602144
本人確認

6 ［OK］（Androidは［確認］）をタップ

LINE
MACでMAC版LINEにログインしました。
PC版、iPad版LINE、またはその他LINEサービスのログイン画面に表示された認証番号を入力し、本人確認ボタンを押してください。
ログインをしない場合は、
「閉じる」ボタンを押してください。
LINEサービス以外（他のユーザーなど）から認証番号が送られてきた場合は、絶対に入力しないでください。第三者によって不正にログインされる可能性があります。
602144
本人確認
認証番号を送信しました。
OK

パソコン版のLINEが使えるようになる

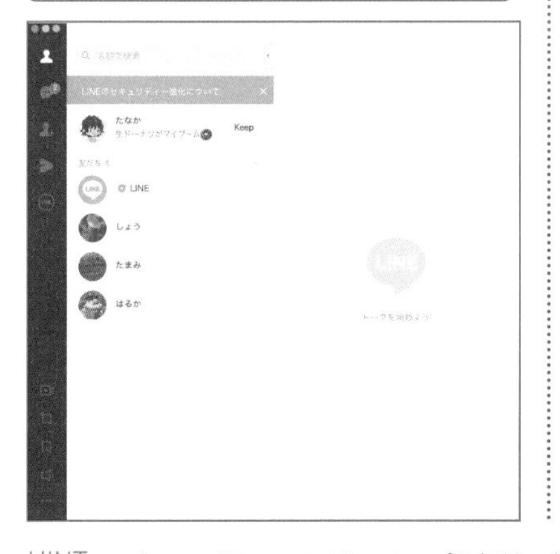

Column タブレットでLINEを利用する

iPadを使っている場合は、App StoreからLINEアプリをインストールしてログインします。Androidについては、1つのアカウントで同時にログインできません。スマートフォンで使っているのとは別に、新しいアカウントを作成するか引き継ぎを行う必要があります。

Column QRコードログイン

メールアドレスを登録していない場合は、QRコードでログインします。スマートフォン版LINEの検索ボックス右端にあるフレームのアイコンをタップして、画面に表示されているQRコードを読み取ります。初回のみ本人確認（PCログイン認証）が必要ですが、2回めからはQRコードを読み取るだけでログインできます。

HINT パソコン版のLINEでもスタンプや無料の音声通話、ビデオ通話などを利用できます。

クロネコヤマトの荷物追跡や再配達依頼をLINEでできるの？

A. ヤマト運輸の公式アカウントを友だちに追加しましょう

公式アカウントの中には、さまざまな便利なサービスを提供しているものもあります。ここでは例としてヤマト運輸が提供しているサービスを利用してみましょう。

≫ ヤマト運輸のLINEサービスを利用する

□ヤマト運輸の公式アカウントを追加する

1 ［ホーム］をタップ

2 検索ボックスをタップ

3 「ヤマト」と入力

4 ヤマト運輸の右横の をタップ

ヤマト運輸の公式アカウントが友だちに追加される

□アカウントを連携する

1 ［トーク］をタップ

2 ［ヤマト運輸］をタップ

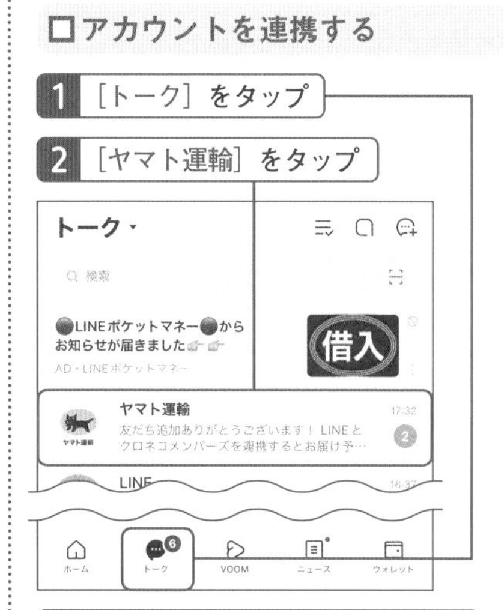

3 ［クロネコIDと連携！］をタップ

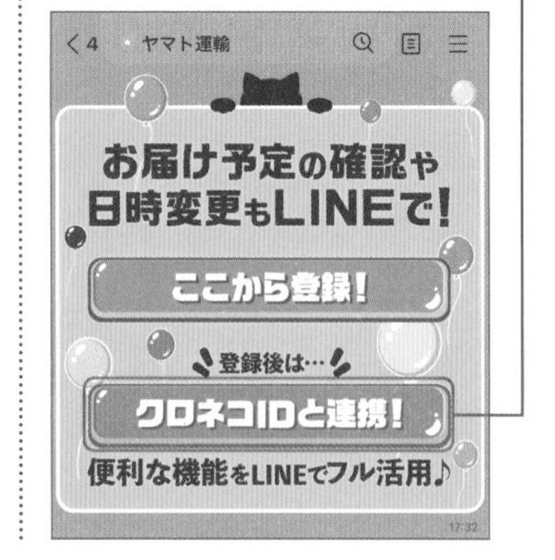

HINT　ヤマト運輸の公式アカウントでは会話AIを利用してサービスを提供しています。

Check クロネコメンバーズ未登録の場合

クロネコIDを持っていない場合は、3の画面で［ここから登録！］より新規登録を行ってください。

4 ［許可する］をタップ

5 ［上記に同意の上、クロネコメンバーズへ連携する］をタップ

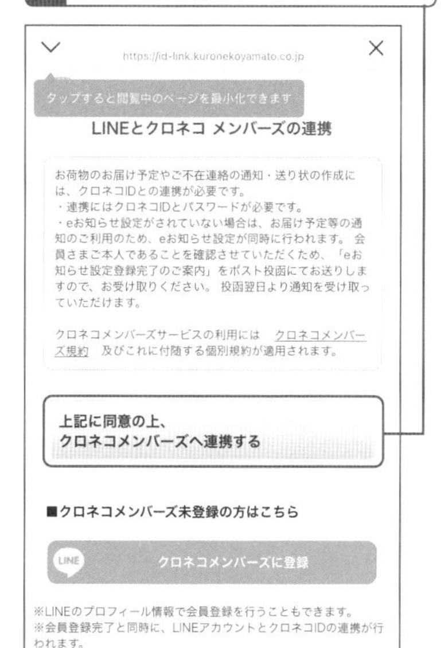

6 クロネコIDとパスワードを入力する

7 ［ログイン］をタップ

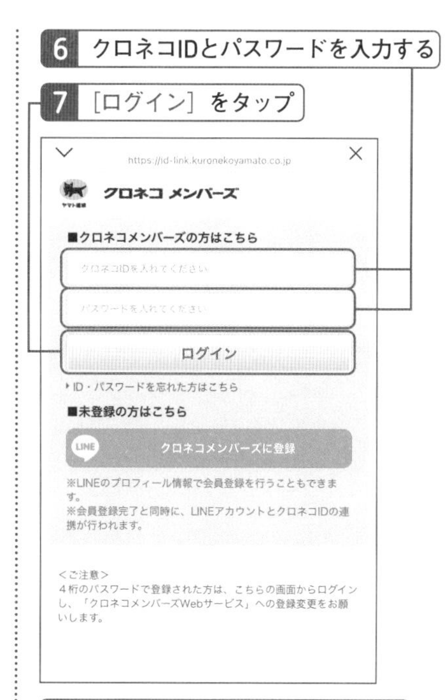

8 ［×］をタップして画面を閉じる

HINT クロネコメンバーズはWebページから利用できるヤマト運輸の会員サービスです。

荷物の追跡・再配達依頼などを行う

トークルームに表示されているメニューから、荷物の問い合わせや受取日時の変更ができます。案内に従って、用件を入力しましょう。このメニューは、画面下部の［メニュー］をタップしていつでも表示できます。次の表は入力できるワードの例です。

入力ワード	できること
荷物どこ？	配達状況の確認
いつ届く？	お届け日時の確認
日時変更	お届け日時の変更
再配達	再配達を依頼する

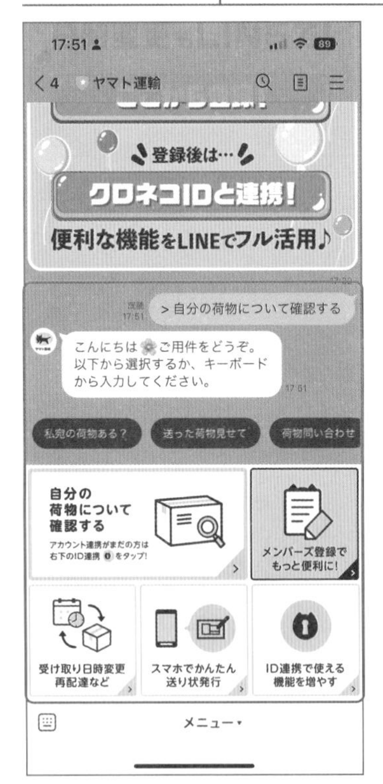

Column 送り状番号の調べ方

荷物の配達状況の確認や再配達の依頼には送り状番号が必要です。送り状番号はネットショッピングをしたときに届くメールや、ヤマト運輸から送られてくるメッセージに記載されています。

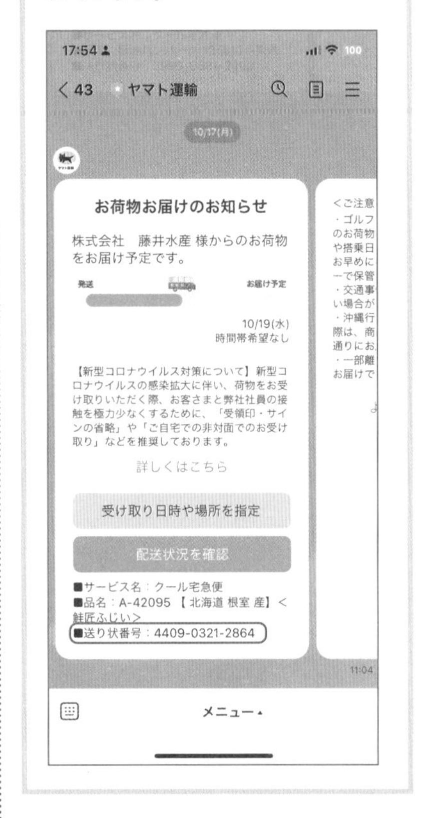

HINT いろいろな公式アカウントを追加することでお得な情報が届きやすくなります。

天気予報や防災速報を自動で受け取るには？

A. 「スマート通知」を利用してほしい情報を受け取ります

スマート通知をオンにすると、天気情報や防災速報、スポーツ情報など、ほしいテーマの最新トピックを自動で受け取ることができます。

スマート通知を設定する

防災速報を受け取る

1 ［ニュース］をタップ

2 ☰をタップ

3 ［スマート通知設定］をタップ

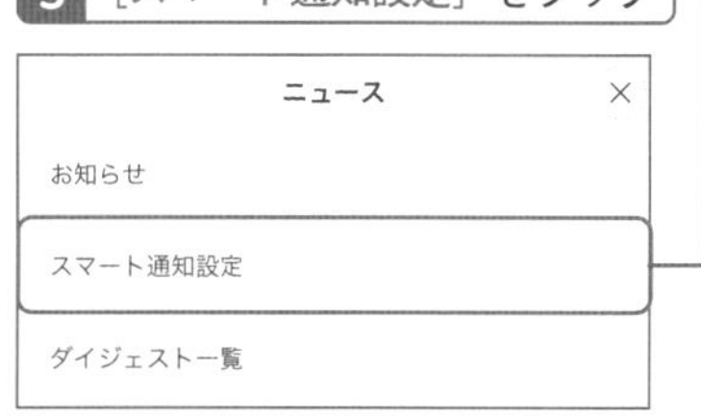

4 ［防災速報］をタップ

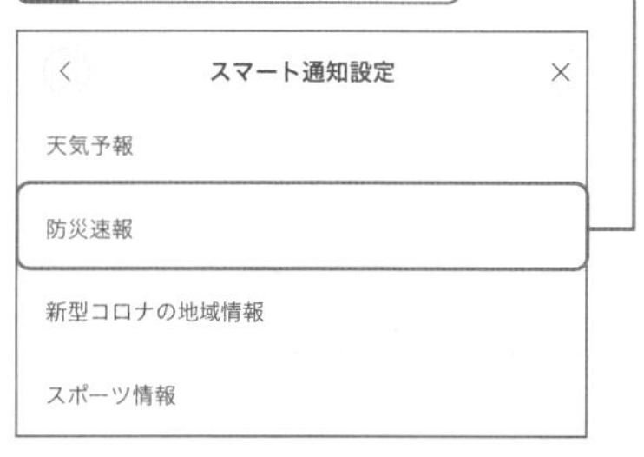

5 ［防災速報の通知を受け取る］をタップ

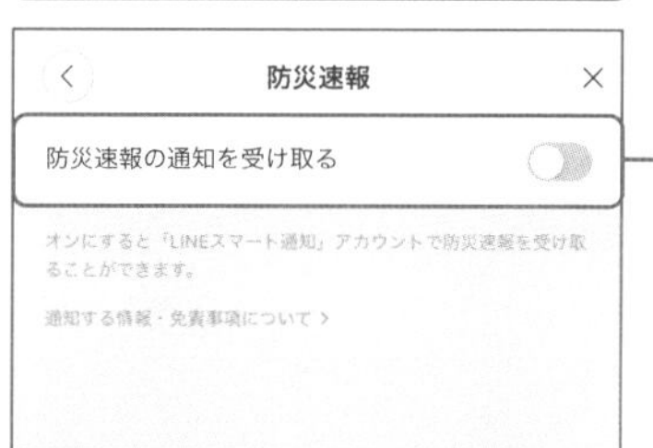

6 ［友だち追加］をタップ（初回のみ必要）

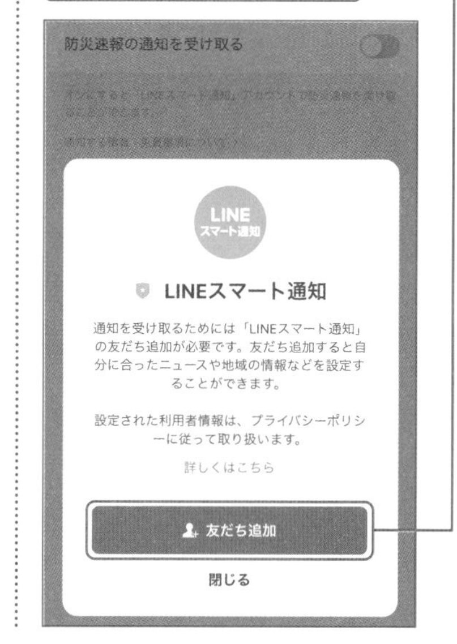

HINT 各通知設定画面をスクロールすると受け取る速報の種類を指定できます。

スマート通知が設定された

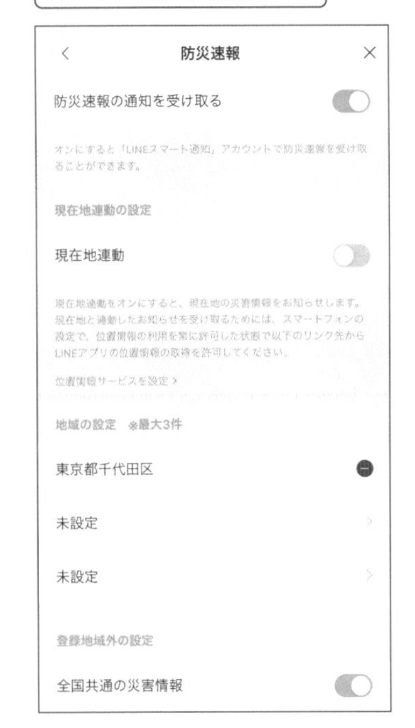

Check 天気予報やスポーツ情報を受け取る

4で［天気予報］や［スポーツ情報］［新型コロナの地域情報］を選ぶことで、指定した場所の天気予報や、好きなスポーツの最新ニュースなどをスマート通知で受け取ることができます。

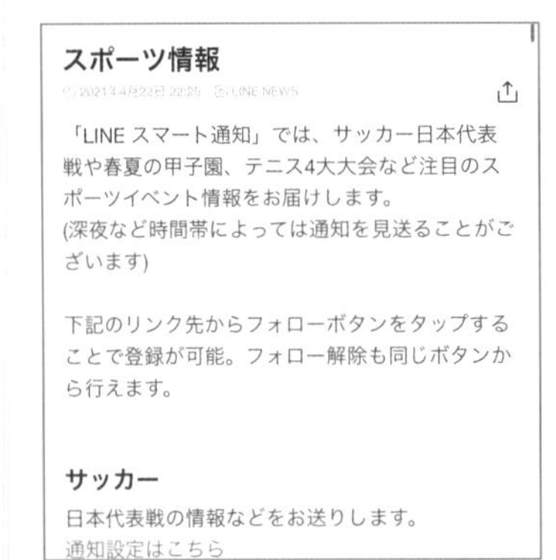

Check スマート通知を受け取る

スマート通知を設定すると、「LINEスマート通知」というアカウントから情報が届きます。

HINT スマート通知を停止したいときは、「○○の通知を受け取る」をオフにします。

その日のニュースを気軽に見るには？

A. メディアの公式アカウントを友だち追加するとニュースを届けてもらえます

友だちから届いたメッセージをチェックするように、毎日の最新ニュースもLINEのトーク画面で受け取ることができます。

» LINEでニュースを見る

□最新ニュースを自動で受け取る

1 ［ニュース］をタップ

2 ☰をタップ

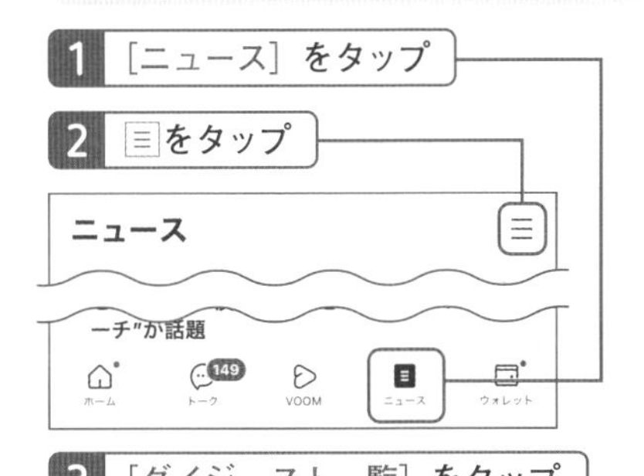

3 ［ダイジェスト一覧］をタップ

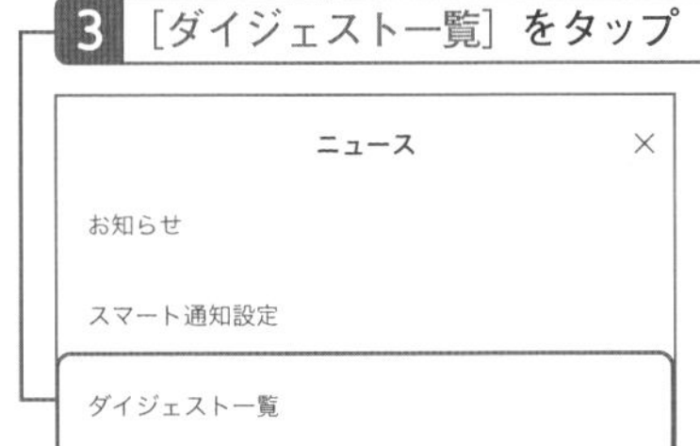

4 興味のあるメディアの［友だち追加］をタップ

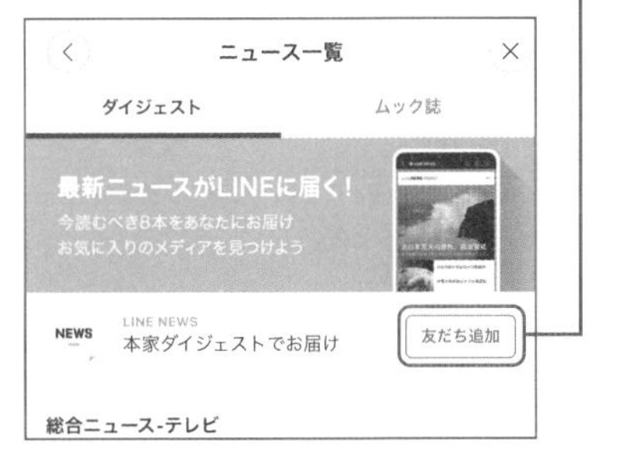

4 ［LINE NEWSトップへ］をタップして前の画面に戻る

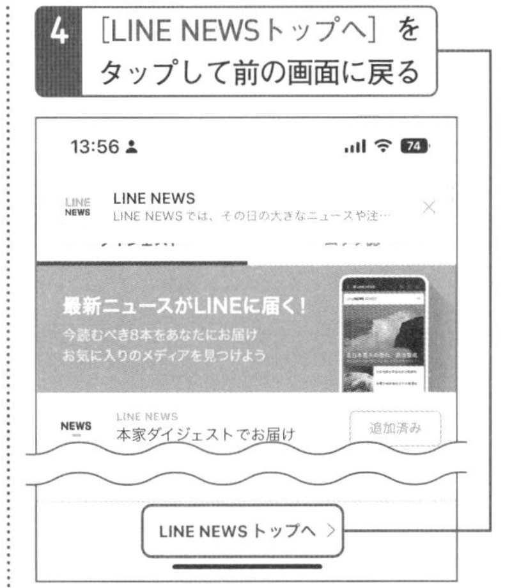

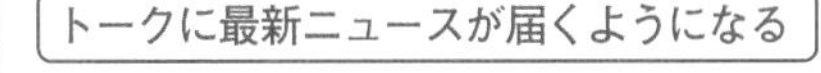

トークに最新ニュースが届くようになる

HINT 3の画面では特集記事や占い、天気などもすばやくチェックできます。

読みたいニュースを検索する

1 ［ニュース］をタップ

2 検索ボックスをタップ

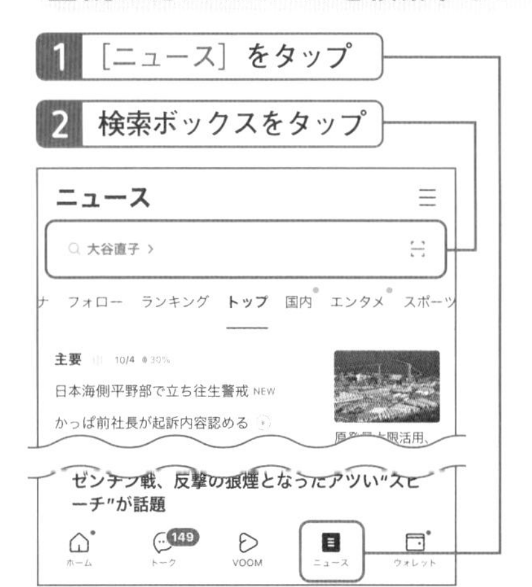

3 検索ボックスにキーワードを入力

4 ［検索］をタップするか候補から選ぶ

記事が表示される

Column 防災情報をチェックする

台風などの災害の恐れがあるときは、［ニュース］画面右上の☰をタップして、［気象警報・注意報］や［避難情報］を開いてみましょう。最新の注意報や避難情報をチェックできます。

HINT　カテゴリから読みたいニュースを探すこともできます。

LINEでビデオ会議をするには?

A. ミーティングを作成しリンクをシェアします

大勢のユーザーとリモートでビデオ会議をする機能が、「LINEミーティング」です。友だちを招待、またはリンクをシェアすることで誰でも参加できます。

» ミーティングに招待する

ロミーティングを作成する

1 [トーク] をタップ

2 [アイコン]をタップ

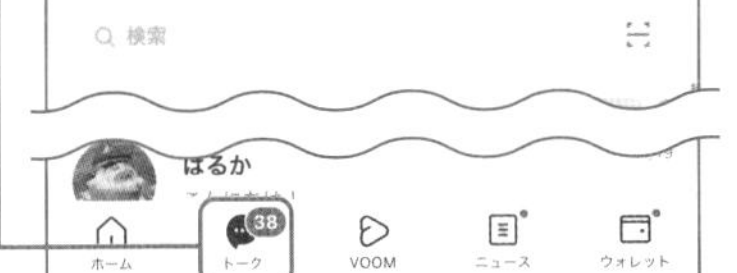

3 [ミーティング] をタップ

4 [ミーティングを作成] をタップ

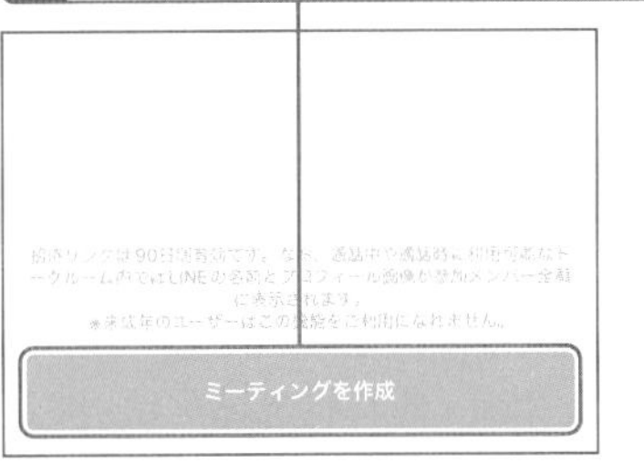

5 [招待] をタップ

6 招待する相手を友だちやグループから選択する

7 [転送] をタップ

招待が送信される

HINT　LINEミーティングでは最大500人でビデオ会議ができます。

Check 友だち以外の人に参加してもらうには

友だちではない相手とミーティングしたいときは、5で［コピー］をタップします。クリップボードにミーティングのリンクがコピーされるので、メールやSNSなどでシェアします。

ロミーティングを開始する

ミーティングを作成しておく

1 ［開始］をタップ

2 ［参加］をタップ

3 ［確認］をタップ

ミーティングが開始されるので、ほかのユーザーが参加するのを待つ

Check トーク画面から開始する

ミーティングを作成するとトーク画面に履歴として残ります。リンクをタップしていつでもミーティングに参加できます。

HINT　LINEミーティングは、パソコン版のLINEからも利用可能です。

□招待されたミーティングに参加する

ミーティングを作成した相手からのトークを開く

1 LINEミーティングをタップ

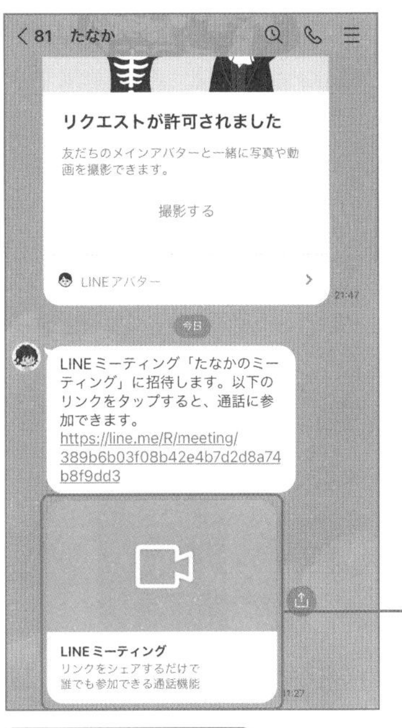

2 ［参加］をタップ

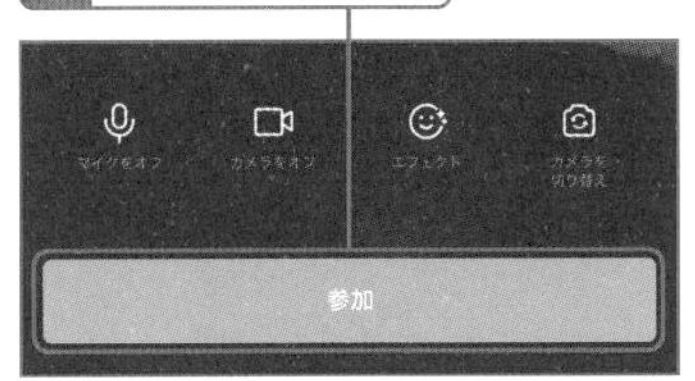

3 ［確認］をタップ

ミーティングに参加した

Check ミーティングから退出する

［退出］ボタンをタップするとミーティングから退出できます。

□表示モードを切り替える

1 ⋮（Androidは⊟）をタップ

HINT　ミーティングではエフェクトやアバターを利用することもできます。

2 ［フォーカスビューで表示］をタップ

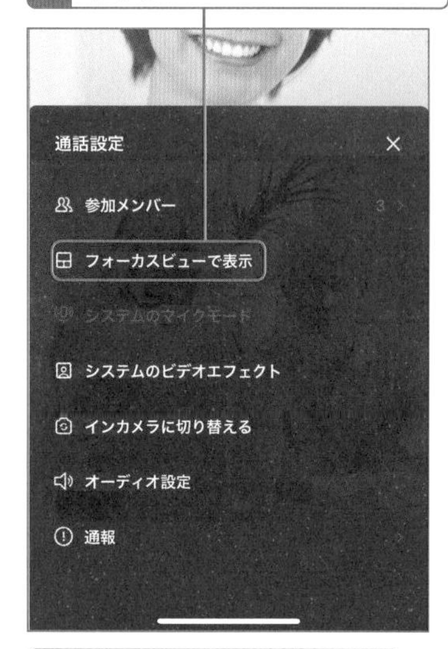

フォーカスビューに切り替わる

Check アイコン表示にする

［カメラをオフ］をタップすると、アイコン表示になります。

Check スタンプを利用する

スタンプアイコンをタップするとスタンプを送ることができます。自分が持っているスタンプなら、どれでも利用できます。

HINT　フォーカスビューでは画面をスワイプして表示する人を切り替えられます。

トーク履歴をバックアップ・復元するには？

A. iPhoneはiCloudに、AndroidはGoogleドライブにバックアップできます

アカウントの引き継ぎを行っても、トークの内容は引き継がれません。あらかじめバックアップして、トークを復元できるように準備しておきましょう。

トークのバックアップ・復元

トークをバックアップする(iPhone)

LINEを最新版にアップデートしてから操作する。iCloudを利用できる状態にしておく

1 ［ホーム］をタップ

2 ⚙をタップ

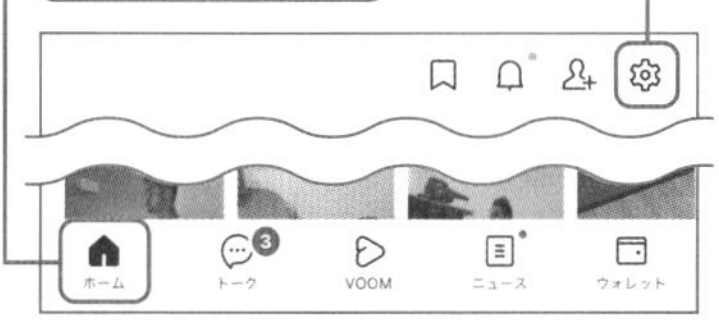

3 ［トークのバックアップ］をタップ

バックアップ・引き継ぎ
トークのバックアップ
かんたん引き継ぎQRコード

4 ［今すぐバックアップ］をタップ

5 バックアップ用のPINコード（6桁の数字）を入力

6 ［→］をタップ

トーク履歴がバックアップされる

Column iCloudをオンにする

ホーム画面から「設定」アプリを起動し、［Apple ID］→［iCloud］→［iCloud Drive］の順にタップします。［このiPhoneを同期］がオンになっていればiCloudが利用できます。

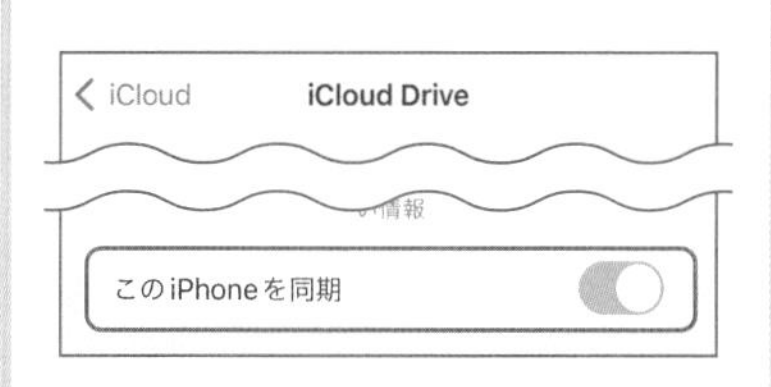

HINT バックアップ後は［トークのバックアップ］を開いて［バックアップしたトーク履歴の削除］をタップするとバックアップが削除されます。

□自動バックアップの頻度を設定する

［トークのバックアップ］を開いておく

1 ［バックアップ頻度］をタップ

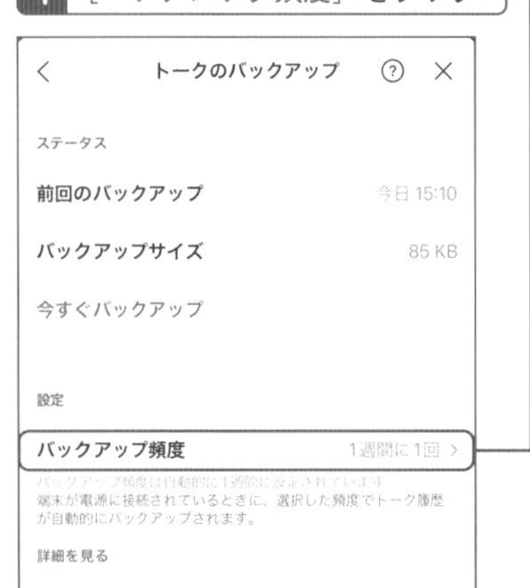

2 バックアップの頻度を変更する

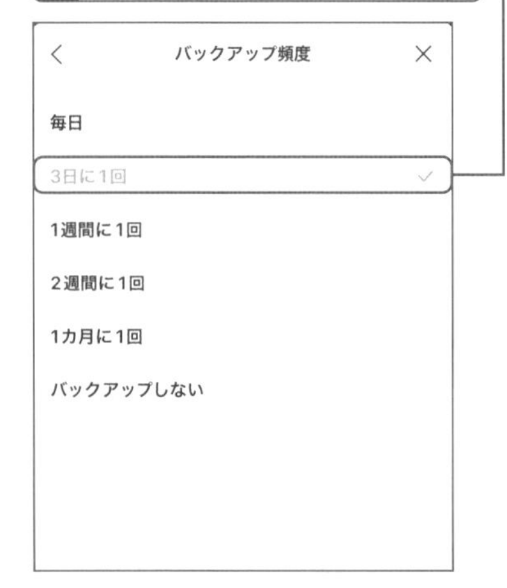

□トークをバックアップする（Android）

LINEを最新版にアップデートしてから操作する。Googleドライブを利用できる状態にしておく。また「トークをバックアップする（iPhone）」の6までを実行しておく

1 ［アカウントを選択］をタップ

LINEと連携している
Google アカウントを選択
トーク履歴をGoogle ドライブにバックアップするために使用するGoogle アカウントを選択してください。
アカウントを選択

2 バックアップに使うアカウントを選択し［OK］をタップ

3 ［バックアップを開始］をタップ

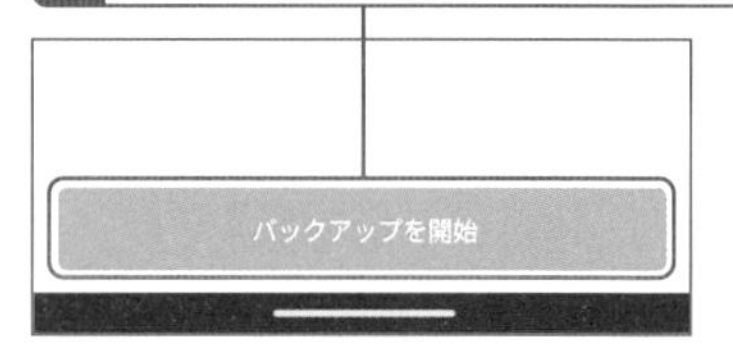

□バックアップから復元する

iPhoneでは、新しい端末や現在の端末にLINEをインストールし直す際に、バックアップからトーク履歴を復元できます（詳しい操作はP.191で説明しています）。Androidは**［トークのバックアップ・復元］**画面にある**［復元する］**をタップして復元できます。

HINT　バックアップは定期的に行うことをおすすめします。

機種変更などの際にアカウントを引き継ぐには？

A. トークをバックアップしてから引き継ぎを行います

機種変更をする際に、アカウントを引き継ぐ方法を紹介します。バックアップさえきちんとできていれば、アカウントの引き継ぎはかんたんです。

アカウントを引き継ぐ

□引き継ぎ元の準備

○ 準備1

アカウントを引き継ぐ前にトークのバックアップを作成しておきます（P.189）。OSが同じなら、過去のトーク履歴をそのまま引き継ぐことができます。盗難や紛失などで引き継ぎ元の端末が操作できないときは、バックアップ用のPINコードが必要になりますので、こちらも確認しておきます。

○ 準備2

大切な写真や動画は、Keepや端末に保存しておきます（P.065）。アルバムを作成して共有しても構いません（P.070）。タップして開いただけの画像や動画は復元されないので、見返したいものは必ず保存しておくようにしてください。

○ 準備3

LINEのバージョンを最新版に更新しておきます。引き継ぎ先の端末にインストールするLINEのバージョンと異なる場合、うまく復元できないことがあります。

□新しい端末で引き継ぐ

新しい端末にLINEをインストールして起動する

1 ［ログイン］をタップ

2 ［QRコードでログイン］をタップ

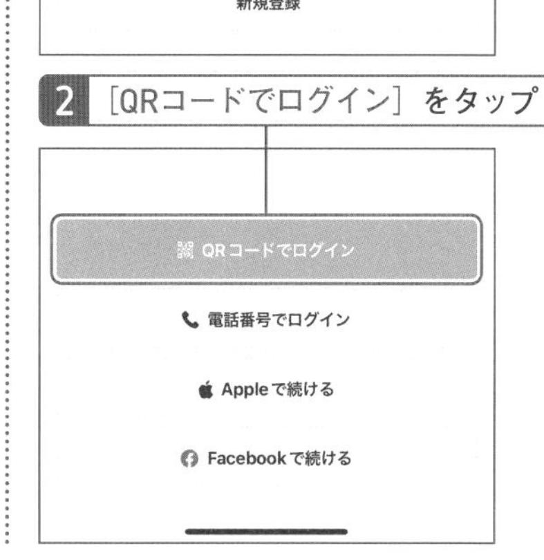

HINT　バックアップ用PINコードはトークのバックアップ（P.189）を行ったときに設定した6桁の番号です。

Check 引き継ぎ元の端末が手元にないとき

引き継ぎ元の端末が手元になく、QRコードを表示できないときは、2の画面で電話番号やApple ID(iPhone)、Facebookでログインして引き継ぐことができます。この場合、バックアップのPINコードを入力して友だちリストやトーク履歴を復元します。

3 [QRコードをスキャン] をタップ

以前の端末のQRコードを
スキャン
以前の端末でLINEアプリを開いて、[設定]>[かんたん引き継ぎQRコード]でQRコードを表示して、この端末でスキャンしてください。
※この機能を利用するには、ネットワーク接続が必要です。
かんたん引き継ぎQRコード
QRコードをスキャン

4 [続行] (Androidは [アプリの使用時のみ]) をタップ

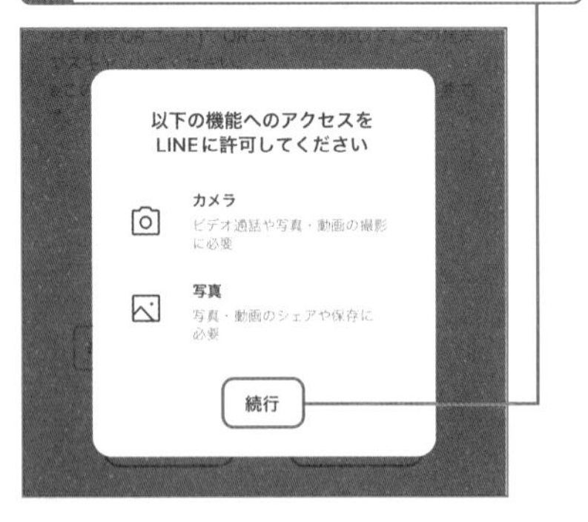
以下の機能へのアクセスを
LINEに許可してください
カメラ
ビデオ通話や写真・動画の撮影に必要
写真
写真・動画のシェアや保存に必要
続行

5 [OK] (Androidは [許可]) をタップ

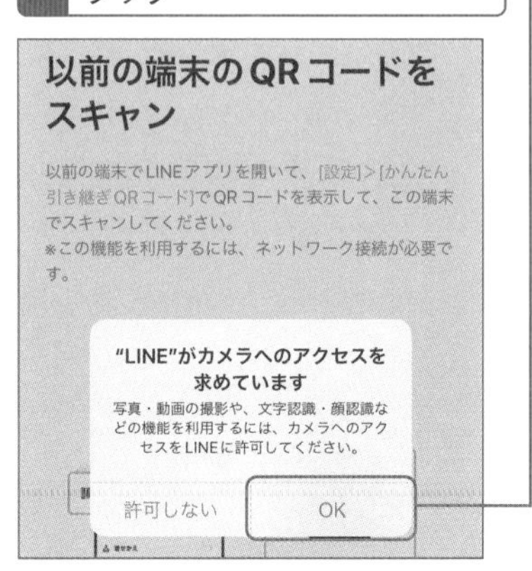
以前の端末のQRコードを
スキャン
以前の端末でLINEアプリを開いて、[設定]>[かんたん引き継ぎQRコード]でQRコードを表示して、この端末でスキャンしてください。
※この機能を利用するには、ネットワーク接続が必要です。
"LINE"がカメラへのアクセスを求めています
写真・動画の撮影や、文字認識・顔認識などの機能を利用するには、カメラへのアクセスをLINEに許可してください。
許可しない
OK

6 [すべての写真へのアクセスを許可] をタップ

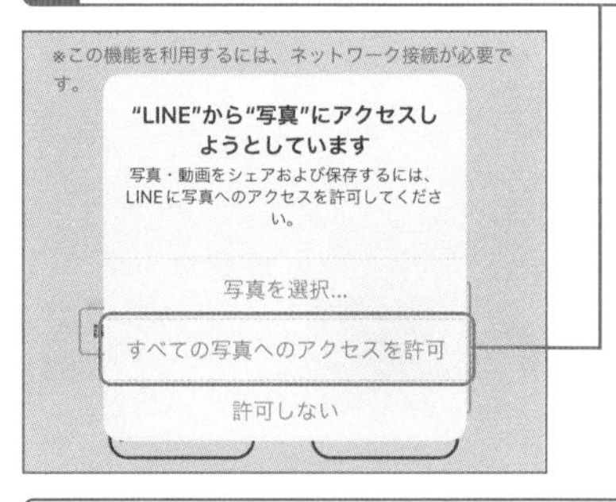
※この機能を利用するには、ネットワーク接続が必要です。
"LINE"から"写真"にアクセスしようとしています
写真・動画をシェアおよび保存するには、LINEに写真へのアクセスを許可してください。
写真を選択...
すべての写真へのアクセスを許可
許可しない

引き継ぎ元の端末で、[設定] → [かんたん引き継ぎQRコード] をタップして、QRコードを表示

かんたん引き継ぎQRコード
00:13

HINT LINE Payを利用している場合は、LINE Payのパスワードも確認しておきます。

7 QRコードをスキャンする

8 引き継ぎ元の端末で［はい、スキャンしました］を選択

9 ［次へ］をタップ

新しい端末でこのQRコードをスキャンしましたか？

QRコードをスキャンしたのが本人で間違いない場合は、次に進んで本人確認を行ってください。本人確認が完了すると、この端末のLINEアカウントは自動でログアウトされます。

9 引き継ぎ元の端末でFace IDやTouch IDなどで認証を行い、ロックを解除する

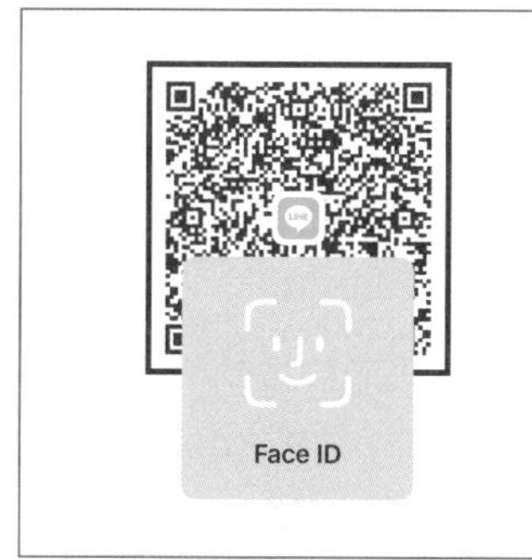

10 ［ログイン］をタップ

たなかとしてログイン

このアカウントを使用するには、［ログイン］をタップしてください。

11 ［トーク履歴を復元］をタップ（Androidはバックアップしたアカウントを選択してからタップ）

iCloudからトーク履歴を復元

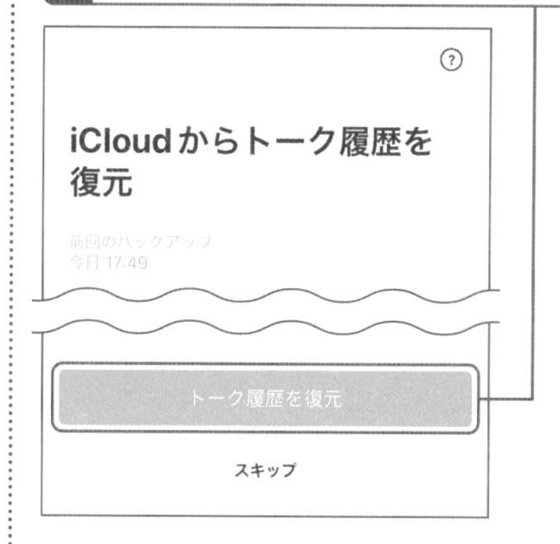

Check 異なるOSで引き継ぎをする場合

異なるOS（iPhoneからAndroid、またはその逆）の引き継ぎやバックアップを作成していないときは、**11**で［スキップ］をタップします。この場合、直近14日間のトーク履歴が復元されます。なおiPhone同士で引き継ぐ場合、［トーク履歴を復元］は必ずタップしてください。あとから復元はできません。

HINT　閲覧期限のある画像や動画などは復元されません。

12 ［次へ］をタップ

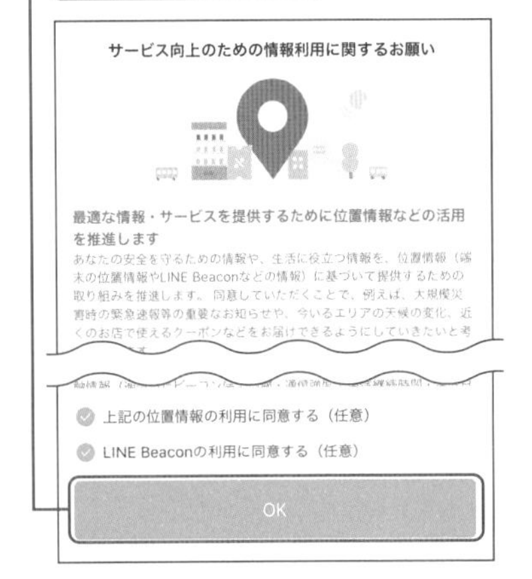

トーク履歴を復元しています
ネットワークの状態によっては、復元に数分かかる場合があります。次の画面に進んでください。
次へ

必要に応じて初期設定を行いましょう。ここではiPhoneの場合を例に説明しています。Androidの場合は、P.016を参考に設定してください。

13 ［OK］をタップ

14 ［次へ］をタップ

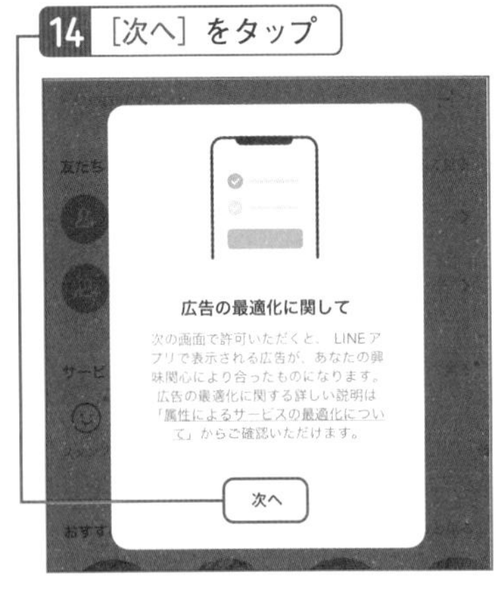

15 ［許可］または［Appにトラッキングしないように要求］をタップ

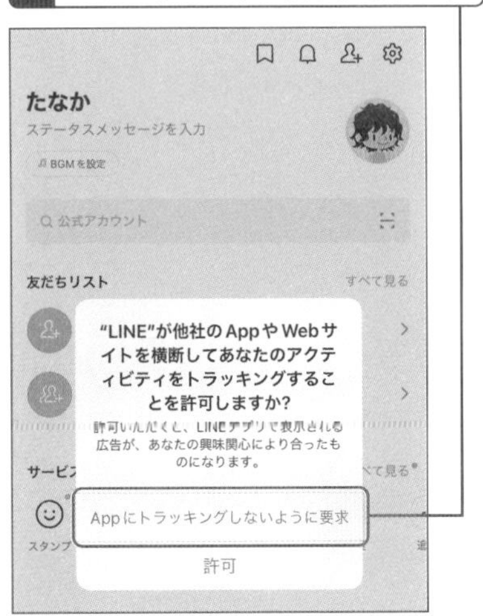

16 Bluetoothの使用を設定する。［許可しない］または［OK］をタップ

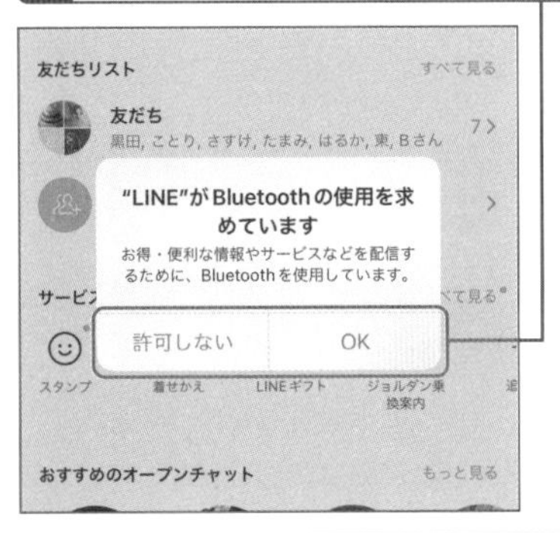

17 通知の設定をする。通常は［許可］をタップ

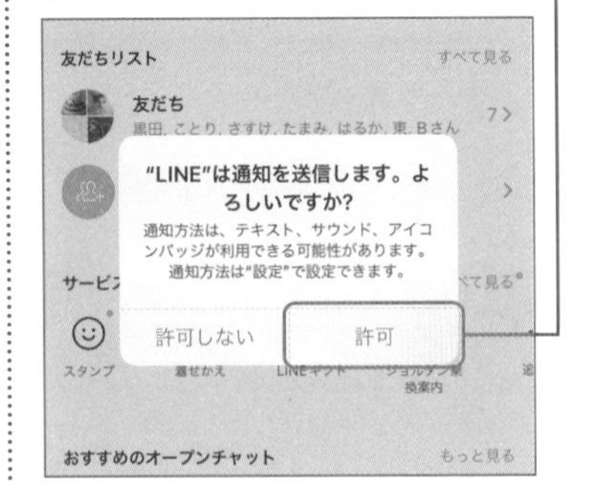

HINT　トラッキングとBluetoothの設定はあとで変更することができます。

友だちやトーク履歴が引き継がれる

□トークを復元する（Android）

Androidでは、インストール完了後でもトークを復元できます。バックアップに使ったGoogleアカウントを選んだあと、**［復元する］**をタップします。新しい端末にトークが復元されます。

LINEアプリを開き、［トークのバックアップ・復元］画面を開いておく

1 ［復元する］をタップ

Check 端末の機種変更で電話番号が変わる場合

端末の機種変更で電話番号が変わる場合は、引き継ぎを行う直前に、引き継ぎ元のLINEで［設定］→［アカウント引き継ぎ］を開いて［アカウントを引き継ぐ］をオンにします。また、電話番号が同じでも、Apple ID（iPhone）やFacebookでログインする場合はこの［アカウントを引き継ぐ］をオンにします。オンにしている状態で引き継ぎ先の端末でLINEを引き継ぎましょう。引き継ぎを中断するなどの場合はスイッチをオフにしてください。

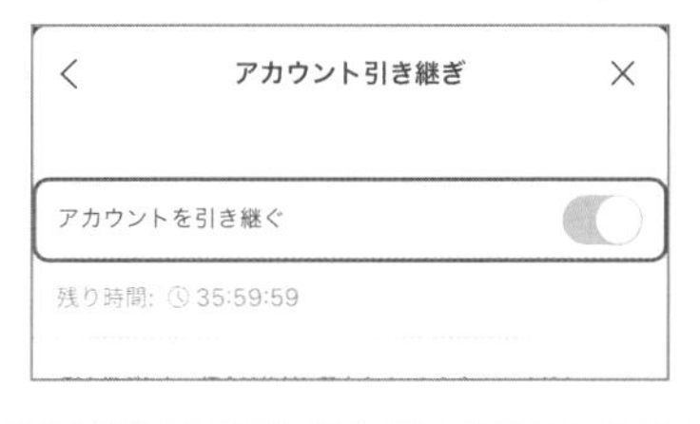

□スタンプや着せかえを復元する

購入したスタンプや着せかえを復元するには再ダウンロードが必要です。**［設定］**から**［スタンプ］**（**［着せかえ］**）→**［マイスタンプ］**（**［マイ着せかえ］**）を開いて、ダウンロードしてください。

HINT ［アカウントを引き継ぐ］をオンにしないと旧端末で認証番号を確認しなければなりません。

Q.085 メールアドレスやパスワードを忘れてしまった場合は？

A. LINE上で確認またはリセットできます

アカウントを引き継ぐ前にメールアドレスやパスワードを確認しておきましょう。万が一パスワードを忘れても、かんたんに再設定できます。

メールアドレスやパスワードの確認方法

□メールアドレスを確認する

1 ［ホーム］をタップ

2 ⚙をタップ

3 ［アカウント］をタップ

メールアドレスが表示される（Androidは［メールアドレス］をタップすると表示）

□パスワードを再設定する

［設定］→［アカウント］画面を表示しておく

1 ［パスワード］をタップ

HINT メールアドレスをタップして変更することもできます。

必要なら指紋認証や顔認証を行う

2 新しいパスワードを入力

3 ［変更］をタップ

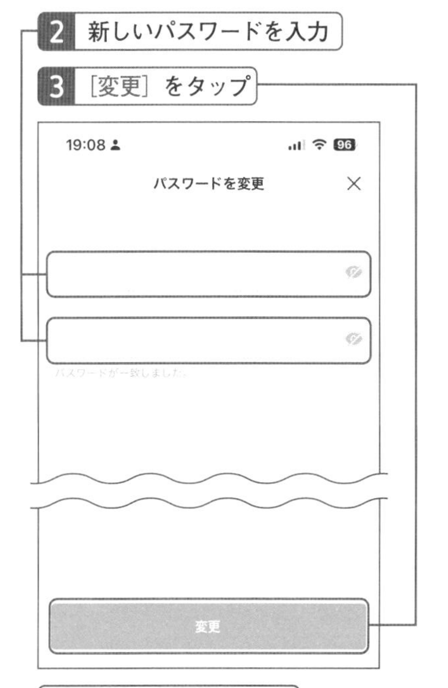

パスワードが変更される

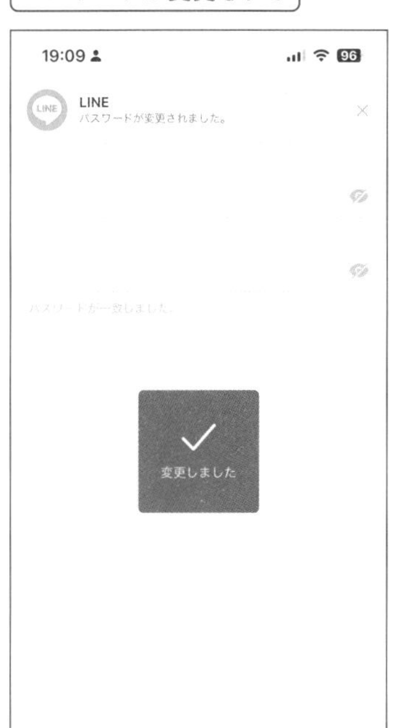

Column 設定するパスワードについて

「最適なパスワードとは？」という議論は常にされていますが、現時点でこれを最低限守っておけば安心と思われるパスワードの決め方を紹介します。まず1つ目は、他サービスで使用しているパスワードを使いまわさないこと。2つ目は、ある程度の長さ（8文字以上程度）、かつ大文字小文字を含むアルファベットと数字や記号を設定することと考えています。ただ、安全なパスワードといわれているものは時代によって変化するものなので、そのときの状況に応じて対応しましょう。

Check パソコン版やタブレット版のLINEの場合はログインし直す

パソコンやタブレットのLINEを使用中にパスワードを変更すると、強制的にLINEからログアウトされます。新しいパスワードを入力してログインし直してください。もしも再設定したパスワードを忘れてしまった場合は、画面上に「パスワードを再設定」などの文言が表示されるので、そちらをクリックまたはタップしてもう一度再設定しましょう。

HINT パスワードは自分なりのルールで、自分だけが覚えやすいものにしましょう。

Q.086 LINEをやめたくなった場合アカウントを削除するには？

A. [設定] 画面の [アカウント] から削除できます

LINEから退会することになったときは、アカウントを削除します。ただしアカウントを削除すると二度と復活できないので、慎重に行ってください。

» アカウントの削除

アカウントを削除する

1 [ホーム] をタップ

2 ⚙をタップ

3 [アカウント] をタップ

4 [アカウント削除] をタップ

5 [次へ] をタップ

最終確認画面が表示される

6 各チェックボックスをチェック

7 [アカウントを削除] をタップ

LINEからの退会が完了する。ほかのユーザーからはこのように表示される

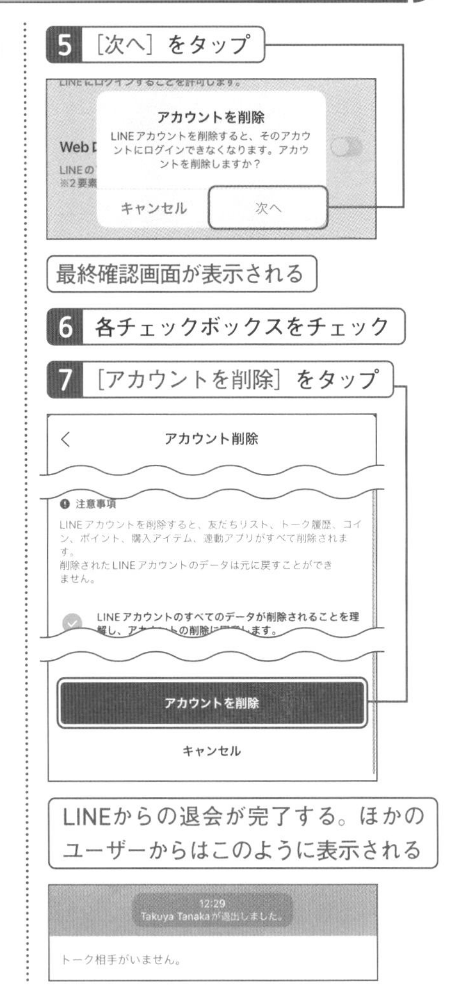

HINT 友だちやトーク履歴、スタンプなどすべてのデータが削除されます。

LINEがうまく動かないときは？

A. キャッシュを削除してみましょう

LINEがうまく動作しないときは、いくつか原因があります。まずはキャッシュデータを削除して、症状が改善するか試してみましょう。

キャッシュを削除する

設定画面を表示しておく

1 ［トーク］をタップ

設定
一般
通知 オン
写真と動画
トーク
通話

2 ［データの削除］をタップ

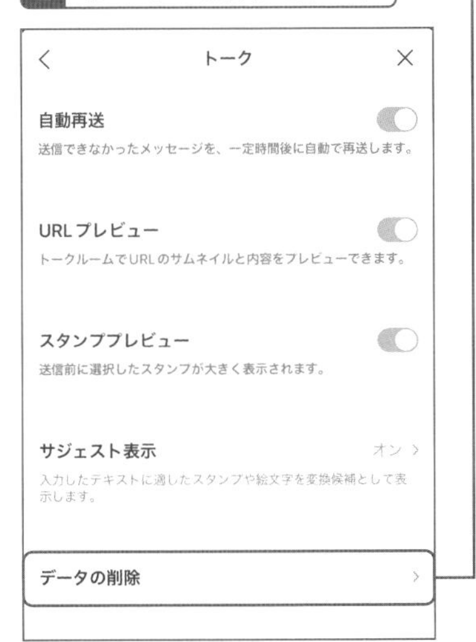

3 「キャッシュ」の［削除］をタップ

キャッシュが削除された

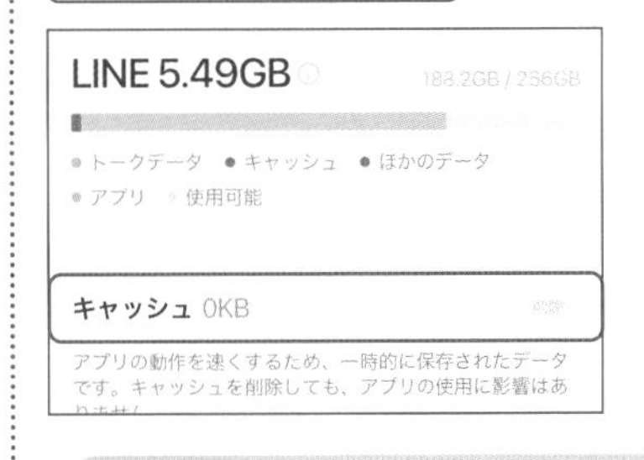

Column ［すべてのデータを削除］はタップしない

3の画面にある［すべてのデータを削除］を実行すると、写真や動画、ボイスメッセージ、ファイルなどのデータがすべて削除されます。復元できないので、間違えてタップしないようにしてください。

HINT 症状が改善されないときは、LINEアプリやスマートフォンを再起動してみましょう。

データ通信量やストレージ容量をおさえたいときは？

A. 設定を見直して余分な通信量や容量の肥大化を解消しましょう

写真や動画をやりとりできるLINEは、通信量やストレージ容量を多く使いがちです。設定を見直して、余分なデータを抑える方法を知っておきましょう。

データ通信量を抑える

1 ［ホーム］をタップ

2 ⚙をタップ

3 ［写真と動画］をタップ

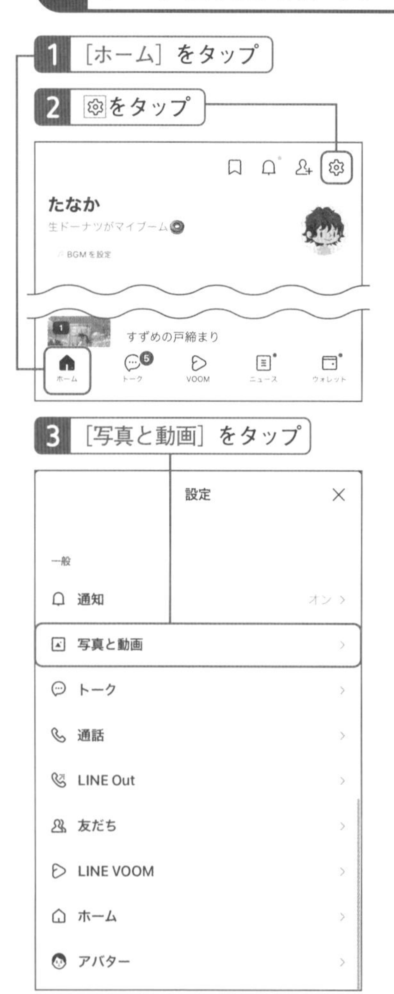

4 ［写真を自動ダウンロード］をオフ

5 ［送信する写真の画質］をタップ

6 ［標準］をタップ

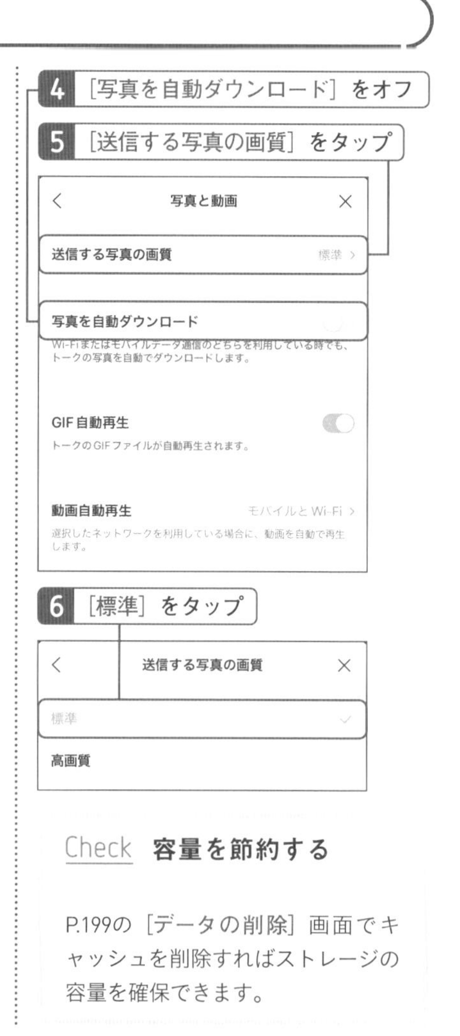

Check 容量を節約する

P.199の［データの削除］画面でキャッシュを削除すればストレージの容量を確保できます。

HINT 「標準」は写真を圧縮するため、サイズが小さくなりますが、画質は劣化します。

9章

非常時にLINEを活用しよう

- 災害などの非常時に備えて準備しておけることは?
- 災害などの非常時のSNSの活用法は?

災害などの非常時に備えて準備しておけることは？

A. 公式アカウントのフォローや家族とグループを作成しておきましょう

災害が起きたとき、普段使っているLINEを活用できるよう、平時にできる備えを紹介します。

非常事態における事前準備

□防災速報を受け取る

「スマート通知」を利用すれば、指定した地域の防災速報をLINEで受け取ることができます。「Yahoo!防災速報」と連携しており、地震情報や避難情報、津波予報などの防災速報に対応しています。勤め先や家族が住む地域の防災速報を受け取れるように、複数の地域（最大3地点）を指定可能です。スマート通知の設定方法はP.181で紹介しています。

□公式アカウントをフォローする

「首相官邸」や「LINE NEWS」の公式アカウントを友だちに追加しておけば、災害時に役立つ情報をLINEで受け取ることができます。

○首相官邸（LINE ID:@kantei）

普段は政策情報や首相官邸での日々の動きなどを配信している首相官邸の公式アカウントです。災害や危機管理情報についてはTwitter（@Kantei_Saigai）のほうが速報性が高く有用ですが、災害時の情報ソースの1つとして覚えておきたいアカウントです。

○LINE NEWS（LINE ID:@linenews）

毎日のニュースをダイジェストで配信している「LINE NEWS」です。災害時には、「Jアラート」や「Lアラート」を通じて発表される情報や、危機管理情報専門企業が発表する情報が送られてきます。トーク画面で受け取れるので、いち早く情報を入手したい人におすすめです。平時はダイジェストニュースが毎日届きます。

HINT　LINEの障害情報などは「LINEチーム」（@lineteamjp）で受け取れます。

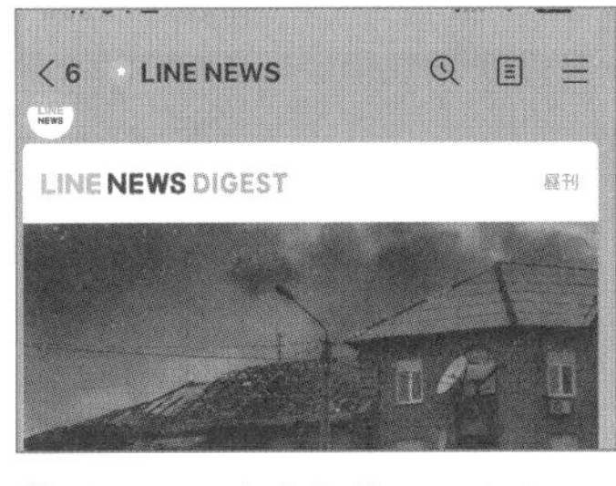

○ そのほか各自治体のアカウント

自治体によっては、災害時の対策にLINEを活用しているところがあります。たとえば神戸市では、チャットボットを使って災害情報を共有するシステムの導入を進めています。2016年に大きな被害を受けた熊本市（LINE ID:@kumamotocity）では、自分の住んでいる校区を設定することで防災情報が入手できます。

また福岡市（LINE ID:@fukuokacity）でも、防災情報や災害時の避難行動の支援、災害後の復旧支援などをLINE上で実現する実証実験を行っています。こちらは現在、平常時機能と災害時モードのデモを試すこともできるので、興味のある人は登録してみてください。福岡市に居住していなくても試せます。

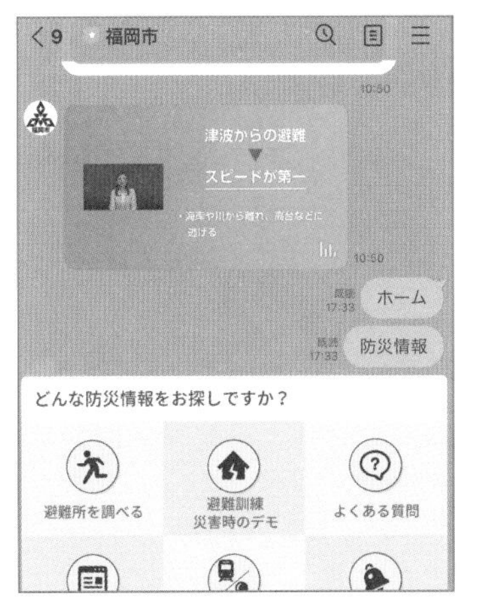

□［ニュース］タブで緊急情報を入手する

災害の発生やそのおそれがある際は、避難情報や国民保護情報が**［ニュース］**タブに表示されます。

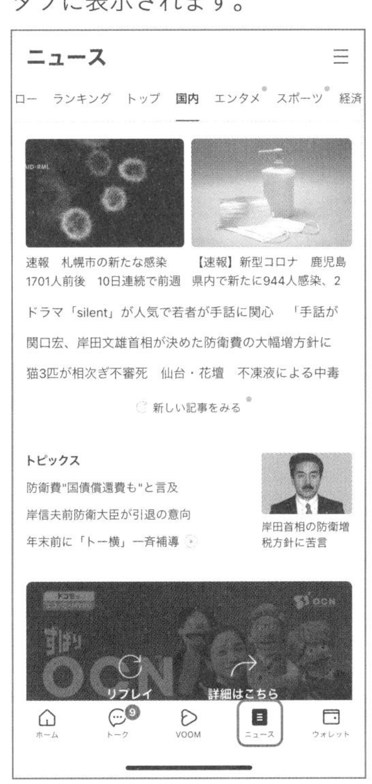

□家族とグループを作っておく

災害時の安否確認に使えるのが「グループトーク」です。普段から家族とグループを作成しておくことで、災害が起きた時に家族全員の安否をまとめて確認できます。グループトークは**［トーク］**タブの**［トークルームを作成］**から作成できます（P.120）。

HINT　会社や友だちでグループを作っておくのもよいでしょう。

災害などの非常時のSNSの活用法は？

A. 安否の確認や自分の今の状況を共有するのにLINEを活用できます

災害時は電話が混線してつながりにくくなります。インターネットを使ったLINEなら緊急連絡や安否の確認を迅速に行えます。

LINEの非常時の活用法

□グループトークで安否確認する

災害時には、返信できない状況になることもあるかもしれません。そんなときは「既読」マークを付けるだけでも安心できます。相手のメッセージを受け取ったというサインをお互いにやりとりすることができます。

大事な情報は「アナウンス」でトーク画面にピン留めするか、または「ノート」を使って保存しておくと確認しやすくなります。とくにメンバーの多いグループでは話題があちらへこちらへと飛びやすいので、トピックごとにノートを作っておくことでノート内のコメント機能で会話することもできます。このほかノートには画像や位置情報などを保存できるので、避難場所の情報やスケジュールなどさまざまな情報を共有するのに活用できます。

HINT　Twitterでは自治体の発表が伝わりにくい地方の情報が個人レベルで発信されやすいです。

□位置情報を送信しておく

グループトークでは安否の連絡だけでなく、現在地の情報も送っておくとひと安心です。LINEなら自分の現在地を地図で表示し、そのまま送ることができます。目印などがなくても、現在地を正確に送信できるので、土地勘のないところで災害にあっても頼りになります。

またLINEの位置情報はドラッグしてほかの地点を送信することもできます。家族や仲間とはぐれてしまったとき、集合場所を共有するのに役立ちます。位置情報の送り方は、トーク画面で**[+]**のアイコンをタップして**[位置情報]**を選ぶだけです（P.072）。

□ステータスメッセージや「LINE安否確認」を活用する

ステータスメッセージは、友だちリストの名前の端に表示されるメッセージのことです。LINEの友だちなら誰でも見ることができます。自分の今の状況を記しておくことで、友だちリストやグループのメンバーリストを開いた友だち全員に安否の情報などを知らせることができます。いちいちメッセージを送らなくても相手の目に入りやすいので、ぜひ活用しましょう。

またLINEでは大規模な災害が起こったときに、**[ホーム]**タブに赤枠で「LINE安否確認」が表示されます。タップするだけで、友だちと近況を共有できる仕組みです。**[無事]**または**[被害あり]**で安否状況を選択し、コメントや候補の文章をタップして、より詳細な情報を報告することが可能です（LINE安否確認はLINE 12.2.0以降で利用できる機能です）。

HINT　位置情報を利用するには、GPS機能をオンにしておく必要があります。

Column SNSを使い分ける

LINEは身内や知人など親しい人に連絡を取るのに適しています。ただ救援要請を行う場合や被害状況を調べるなどの情報収集を行う場合、クローズドなLINEはやや不適当です。Twitterのようなオープンな SNSのほうが、情報発信、情報収集はしやすいでしょう。

□「00000JAPAN」に接続する

災害が起こると、電話回線がパンクしてつながりにくい状況が続きます。外出先で災害にあったときに誰でもインターネットを利用できるように用意されているのが「00000JAPAN」(ファイブゼロジャパン)です。被災地域の人々のために開放される公衆無線LANサービスで、Wi-Fiを搭載していればどんな機種でも利用できます。使い方は、Wi-Fiの設定画面で接続先に「00000JAPAN」を選ぶだけです。契約しているキャリアに関係なく利用でき、利用登録やパスワードを入力する必要もありません。
「00000JAPAN」は、平時はドコモのdWi-Fiやau Wi-Fi アクセス、ソフトバンクWi-Fiスポットなどとして運用されている公衆無線LANサービスが、災害時に限って認証なしに利用できるようになる仕組みです。そのためアクセスポイントを探すときは、これらの公衆無線LANサービスのステッカーが目印となります。このほかにもさまざまなアクセスポイントが災害時には開放されます。普段お世話になることはありませんが、災害時に開放される公衆無線LANサービスがあるということを、ぜひ知っておいてください。

無線LANビジネス推進連絡会
(https://www.wlan-business.org/)

Column SNSのデメリット、「デマ」に注意

災害時の緊急連絡や安否確認に不可欠なSNSですが、使い方には注意が必要です。SNSに投稿される情報の中にはデマが含まれており、嘘の情報が急速に拡散されることがあるのです。「水道が止まる」「携帯電話が使えなくなる」などの嘘の情報をもとに行動を起こすのはひじょうに危険です。デマがどうかを見分けるには、テレビやラジオ、新聞、公的機関が発信している情報をまず確認することが大事です。どんなに信憑性が高く見えても、デマの可能性があることは覚えておきましょう。

HINT 「00000」という名称は、SSID一覧の中で探しやすくするために付けられています。

用語集

A～Z

App Store

Appleが提供する公式のアプリストアです。iPhoneやiPad、MacなどAppleの端末で利用できるアプリをインストールできます。アプリをインストールするにはApple IDが必要です。

Google Playストア

Androidの公式ストアです。Androidアプリをインストールできます。アプリをインストールするにはGoogleアカウントが必要です。

Keep

LINEで送受信したメッセージや画像、動画などが保存できるスペースです。保存できるサイズは最大1GBです。

LINE ID

LINEアカウント固有のIDです。1つのアカウントにつき、1つのIDを作成できます。LINE IDを友だちに教えることで、電話番号を交換しなくても友だちに追加してもらえます。

LINE VOOM

LINEに組み込まれているSNS機能です。ショート動画を投稿し、世界中のユーザーと交流を楽しめます。以前LINEで搭載されていた「タイムライン」の代わりに導入されました。

QRコード

LINEでは、友だちを追加するのに利用します。表示されているQRコードを、LINEで読み込むことで友だちに追加できます。

SNS

Social Networking Service（ソーシャルネットワーキングサービス）の略。インターネット上でさまざまな人と知り合い交流するためのサービスのことです。

あ～ん

アイコン

アカウントやユーザーの顔ともいうべき象徴です。LINEではアカウントやグループにアイコンを設定できます。

アカウント

広義では、サービスを利用するための固有のIDまたは権利のことです。LINEのアカウントはLINEの利用開始時に作成します。

アルバム

大量の写真をアルバムのように分けて整理し、共有できます。トークルームごとに作成でき、参加しているメンバーなら誰でも閲覧できます。最大10万枚まで保存できます。

位置情報

スマートフォンやGPSを搭載した端末が保存している端末の現在位置のことです。LINEではこの位置情報を利用して、自分の現在位置をトークルームなどに送信できます。

インストール

アプリを端末で利用できるように設定することです。アプリをインストールすると、ホーム画面にアイコンが追加されて、タップして利用できるようになります。

絵文字

メッセージに挿入できるイラスト文字のことです。端末に搭載されている絵文字のほか、LINE独自の絵文字が利用できます。

お気に入り

特別な友だちを登録できる「お気に入り」リストのことです。友だちをお気に入りに登録すれば、プロフィールやトーク画面にすぐアクセスできます。

グループ

決まったメンバーでトークをする際に利用すると便利な機能です。トークのほかに音声通話やビデオ通話を複数のメンバーと楽しめます。

コイン

LINEのサービスで使える共通の通貨のようなものです。有料スタンプや着せかえなどを購入するときに使います。

公式アカウント

個人が使用するアカウントではなく、企業やサービスなどが持つ、LINEに公式に認められたアカウントのことです。

知り合いかも？

こちらは友だち追加していないけれど、相手がこちらを友だち追加している状態のときに、相手のアカウントが表示されるのが「知り合いかも？」欄です。

スタンプ

トーク中に単体で使用できるイラストです。標準のスタンプのほか、スタンプショップで配布されているスタンプをダウンロードして利用できます。

スタンプショップ

無料または有料のスタンプが配布されているショップです。好きなキャラクターの名前を検索したり、人気ランキングで好みのスタンプを探したりできます。

ステータスメッセージ

プロフィールや友だちリスト、グループのメンバーリストなどで、アイコンや名前とともに表示されるメッセージです。状態や自己紹介などを設定している人もいます。

ストーリー

24時間の期間限定で公開できるコンテンツです。24時間経つと非公開になります。

着信音

本書でいう着信音は、LINE通話がかかってきた場合の着信音です。着信音はさまざまな音に設定できます。

通知音

新しいメッセージが到着したときなどに鳴るサウンドです。好きな音に設定できます。

通話

LINEアプリからの電話をかける機能です。インターネット回線を利用するため、料金はかかりません。音声通話とビデオ通話の2種類があります。

トーク

LINEにおけるメッセージです。トークを繰り返すことでリアルタイムの会話が楽しめます。テキストのほかにスタンプ、絵文字、さらに写真（画像）、動画なども送れます。

トークルーム

トークを行う部屋（場所）のことです。基本的に1対1でトークを行いますが、グループを作成して複数メンバーと交流を楽しむこともできます。

友だち

LINEにおいてトークなどの交流を行える人（アカウント）です。さまざまな方法で友だちを追加してLINEを有効活用しましょう。

年齢確認

LINE IDや電話番号検索などの一部機能は、青少年保護の観点から制限されています。年齢確認は18歳以上であることを携帯電話会社によって確認する操作で、制限された機能を利用できるようにします。

ノート

イベントや旅行時に共有しておきたい情報（開催日時、待ち合わせ場所など）を投稿、閲覧、共有できる機能です。すべてのトークルームで利用できます。

パスコード

LINEアプリを起動するときに4桁のパスコードを要求できます。パスコードを知らない人にLINEの会話などを盗み見られるのを防ぎます。

パスワードとメールアドレス

LINEのログインや、機種変更をしたときなどにデータをスムーズに引き継ぐのに利用します。

バックアップと復元

トークの履歴（トークで送受信したメッセージ内容のこと）を端末外に保存することをバックアップといいます。復元は、バックアップデータを新しい端末で引き継げるように復活させることです。

表示名

友だちが自分で設定している名前とは別に付けられる名前のことです。同姓同名がいて紛らわしい場合や、普段の呼び方で表示したい場合などに登録すると便利です。

不正ログイン

自分ではない、または自分の知らない範囲で第三者が自分のLINEアカウントにログインすることです。アカウントが乗っ取られると、自分や周りにさまざまな被害が及ぶため、対策を講じる必要があります。

ブロック

迷惑なメッセージを送ってくる人に対して行える機能の1つです。相手をブロックすると、たとえ友だち関係にあってもそれ以降メッセージが届くことがなくなります。

索引

●は

●ひ

●ふ

●ほ

●ま

●め

●も

●り

●ろ

■ 著者紹介

田中 拓也（たなか たくや）

パソコン誌の編集を経てテクニカルライターとして独立。自然科学や最新のデジタル技術に関心が高い。現在はインターネット、IT、デジタル関連の雑誌や媒体への記事の寄稿、編集業務に携わる。『たった1秒の最強スキル パソコン仕事が10倍速くなる80の方法』や『Evernote スゴ技 BOOK』（SB クリエイティブ）、『今すぐ使えるかんたん Ex iPhone アプリ 厳選 BEST セレクション［iPad/iPod touch 対応］』（技術評論社・共著）など著書多数。

● 装幀、本文デザイン　米倉 英弘

● 制作　BUCH+

■ 本書のサポートページ

https://isbn2.sbcr.jp/18933/

本書をお読みいただいたご感想を上記 URL からお寄せください。
本書に関するサポート情報やお問い合わせ受付フォームも掲載しておりますので、
あわせてご利用ください。

LINE（ライン）　やりたいことが全部（ぜんぶ）わかる本（ほん）　改訂版（かいていばん）

2023 年 3 月 13 日　初版第 1 刷発行

著　者　田中 拓也（たなか たくや）
発行者　小川 淳
発行所　SBクリエイティブ株式会社
〒 106-0032　東京都港区六本木 2-4-5
https://www.sbcr.jp/
印刷・製本　株式会社シナノ

落丁本、乱丁本は小社営業部（03-5549-1201）にてお取り替えいたします。
定価はカバーに記載されております。
Printed in Japan　ISBN 978-4-8156-1893-3